今日から始める
節エネ＆エコスパイラル

Kazuhiro Akimoto
飽本一裕

明窓出版

今日から始める節エネ&エコスパイラル　目次

第2章　すべてを解決できるエコスパイラル―試しに食料問題―

第3章　地球と家計を守るエコスパイラル技術

前書き

本書では主として、家庭での『好循環』、エコスパイラル生活をご紹介します。エコスパイラル生活とは、元手なしで楽しめる、地球と人のための便利な暮らし方です。

それは、節エネ・エコ生活で環境を改善しながら利益を上げ、その利益で様々なエコ製品を購入し、さらに環境を改善しながらますます利益を上げ、増えた利益でもっと高価なエコ製品を購入するマルチ商法的（?・）な暮らし方です。いま話題の電気だけに留まらず、ガス、水道、ガソリン、食生活、娯楽など、広範囲に有効です。

具体的に見てみましょう。分かりやすくするため、電気代、ガス代、水道代、ガソリン代を年間各10万円ずつ、計40万円ほど支払っていて、節エネの努力をしていない節エネ初心者家庭でシミュレーションしてみます。毎年合計40万円の出費です。

1年目は本書で紹介する元手なしの節エネ手法で、それぞれ1万円ずつ削減します。すると、4万円の資金が調達できます。その資金で、下の第1～2列に示された安価なエコ製品をできるだけ購入します。その結果、新たに光熱水

100～1000円	1000～10000円	1万～10万円	10万～100万円	100万円～
冷蔵庫断熱カーテン	節電タップ	エコタイヤ	電動バイク	低燃費自動車
浴槽用アルミ保温シート	LED電球	窓断熱フィルム	節電型家電製品	ハイブリッドカー
窓断熱シート	扇風機	省エネコタツ	風力発電機	電気自動車
すきまテープ	サーキュレータ	電動自転車	太陽光風力ハイブリッド発電	太陽光発電機
	よしず&すだれ	電気コンポスト	断熱窓ガラス	家庭用燃料電池
	日よけシェード	皿洗い機		自宅の断熱化

道ガソリン代が各1万円削減できます。無料エコ手法による利益と合計すると年8万円です。今度は第3列のエコ製品を導入してもいいのですが、貯金して、もっと高額のエコ製品を買うこともできます。すると、翌年は光熱水道代が減ってさらに利益が増え、より高価なエコ製品が調達できます。5章で紹介する『エコ・リサイクル料理』も活用すれば、さらにたくさんの製品が調達可能です。

このように、エコで得た収益をエコ製品の購入で好循環させ、雪だるま式に、しかも急速にエコを推進する方式が『エコスパイラル』です。この方法で、著者は光熱水道代を過去3年間に約7割、17万円強ほど削減しましたが、後述するある理由により、我が家のエコスパイラルはまだ未熟ですから、節約額もいまだに増加中です。エコスパイラル生活は、自然との共生を目指したエコリッチな暮らし方です。急激な環境変動の下、私たちに残された時間は思っているより短いかもしれません。数十億の人口を持つ新興国の台頭のため、エネルギーと食糧事情は将来確実に悪化するでしょう。そのようなエネルギー・食糧危機に対しても、エコスパイラル生活はたいへん有効です。

読者の皆様が、本書をきっかけにエコスパイラル生活を楽しんで頂ければ、私たちの母なる地球さんもきっと喜んで下さることでしょう。

著者

第1章
私たちの本当の現状と地球生命体

1　今そこにある天国

　ある記者が取材のため、南太平洋の島を訪れたときのことでした。取材の合間、時間に余裕ができたのでホテルを抜け出し、近場を散歩しました。すると、広場で男たちがサッカーに興じていたのです。

　南の島のサッカー試合。のどかな風景です。記者はのんびり観戦し始めました。他に観客はいないものの、男たちのサッカーはかなりハイレベルです。しかも、和気あいあいとしていて笑顔が一杯です。

　しばらくすると、ハーフタイムにでもなったのか、見知らぬ外国人に興味をもった男たちが、珍しそうに記者に近づいて話しかけてきました。

「おめえ、どこから来たんだ？」

「日本だよ」

「へーッ、日本か。遠いところからよく来たなあ」

　別の男が口を挟みます。

「去年だったか、おらのダチが東京に行ったんだよ。えらく人や車が多くてうるさいそうだけどほんとか？」

「ウン、そう言われると、この島よりはかなりうるさいかな」

「やっぱりそうか。おまけに空気が汚れていて空や木や人に元気がないし、何より排気ガスが臭かったっつー話だよ」

「ウ～ン、中国とかインドに比べるとマシだけど、この島の空気に比べると確かに臭いよね。そして、ここほど空は青くないよ。この島の空や木や人には本当に元気があるよなあ」

「そうか。おめえ、うるさいし臭いし空は汚れてるし、大変なところに住んでるんだなあ」

先ほどまで無邪気な笑顔でサッカーに興じていた島民たちは、皆かなり真顔になり、同情的です。話題をそらす方が無難そうです。

「みんな楽しそうにサッカーしてるけど、今日は仕事がお休みなの?」

「ウンニャ。仕事は朝方ちゃんとやったんだ」

「エッ、じゃあ今日はサッカークラブの活動日か何か?」

「ウンニャ。おらたちゃ午前中に仕事済ませて、ランチと昼寝の後は毎日サッカーして遊んでるんだよ。健康にもいいしナ」

毎日! どうりで技術がハイレベルのはずです。おまけにすごい体力です。

「日本人は週にどのくらい遊ぶんだ?」

「……(絶句中)……」

実は記者は、満員電車に往復4時間以上も揉まれ、毎夜残業後に飛び込む電車は終電で、しかも仕事柄、締め切りに追われて週末もしばしば潰れ、最近は家庭サービスもおろそかになっています。

そもそも家庭サービスの時間があっても年齢のせいか体力が続きません。ですから、遊びといっても気心の知れた同僚と終電までの小一時間、チビチビ一杯やる程度。それも月に何度もあるわけではありません。なぜなら日本人の文字離れのため、会社の業績が下振れし、今年のボーナスは2割も減りました。お陰で、30年ローンで買ったマイホームの支払いが厳しくなり、小遣いを減額されたばかりだからです。こんなことを正直に島民に伝えたら、彼らはどう反応するでしょう？　ますます同情されるのが恥ずかしく、とても正直に言えません（汗）。

いたたまれず、そそくさと島民に別れを告げた記者は、ホテルへ向かってトボトボ歩きながら茫然としていました。

そして、ハタと気付きました。もし地上に天国があるなら、この島ではなかろうか？　ここでは皆が毎日少しだけ仕事をし、後は日がな一日遊んで仲良く暮らせているではないか！

では日本や他の先進国は、この島を目標にせず、何を目指しているのだろう？

最も重要であるべき家庭生活を犠牲にした自分の激務は、いったい何のためなのか？

受験生時代からジャーナリストになるために費やした膨大な時間とエネルギーは、いったい何のためだったのか？

さらに、この島が天国なら日本はいったい何なのか？

答えるのが怖いけど、ひょっとしてひょっとすると、日本は……ジ・ゴ・ク？？？

「そうか。おめえ、うるさいし臭いし空は汚れてるし、大変なところに住んでるんだなあ」

島民の同情の言葉が再度、頭の中に響き、鋭いナイフのように胸を貫きます。

ワッ、そう言えば、自分の通勤は毎日4時間もラッシュに揉まれる「通勤ジゴク」！　起きてる時間の2割もあんな劣悪な環境で過ごしている！

ウッ、思い出すと、ジャーナリストになるためにいい大学に入ろうと、小学生時代から何年も塾や予備校に通う「受験ジゴク」も経験した！　人生でもすごく貴重な少年・青春時代なのに！

オッ、そしてもう一つ、「ローンジゴク」がなんと後20年！　それも退職後まで続くぞ（涙）。

その上さらに、家庭サービスをこれ以上怠ると妻が鬼嫁に変身して、家庭もジゴクになりかねないゾ！

これぞ「生きジゴク」⁉

ゾゾ〜〜！

認めたくないけれど、やっぱり日本は……ジ・ゴ・ク？　？　？

もしそれが真実なら、自分は何なんだ？

ひょっとしてひょっとすると……オ・ニ？

すると、あの島民たちはテンシ？

さもありなん。彼らの普段の表情は常に晴れ晴れとした笑顔だ。

では自分たちの普段の表情は？

怖くて虚ろなシケ顔かァ……。

電車でも駅でも街頭でも、通勤時に笑顔の人はほぼ皆無だものなァ。笑っているとかえって怪しまれるくらいだし。

そして、ジゴクの住人たちは、いったい何を目指しているのだろう？

それは、全世界にジゴクの教えを布教してジゴクを拡大する活動。つまり、途上国を後進国とみなし、途上国の住人たちにも知らず知らずのうちに母なる地球を破壊するジゴク的生き方を伝授しようとしていないだろうか？　そんな生き方が欧米から始まって日本で文明開化し、それに刺激された途上国が、自国でもやればできるとそそのかされて導入し、今や世界中に蔓延しつつある……。


ここまで考えたとき記者は、中国の昔話を思い出しました。

『混沌』の話です。

「昔、混沌という目口耳鼻がない、のっぺらぼうだがのんきな王が中央帝国を治めていた。そこで、北の王と南の王が混沌を表敬訪問した。優しい混沌は彼らを心から歓待した。喜んだ2人は恩義に報いようと、こう考えた。人は顔に存在する七つの穴で、見聞きし、食し、息をする。穴のない不幸な混沌の顔に穴をあけ、幸せにしてあげよう。そこで、その夜から混沌の平べったい顔に、毎日一つの穴をあけ始めた。すると、七日目に混沌は死亡した」

これこそが現代世界で起こりつつある真実の姿であるように記者には感じられたのです。混沌とは途上国の天使たちであると同時に地球でしょう。『地球開発（ジゴク化）プロジェクト』を先導する先進国のライフスタイルが、今以上にこの平和な島に伝わると、人心も楽園もきっと廃れてしまうでしょう。

グワ〜〜ン、と脳天が砕け散りそうな一撃を受けた記者は、人生を新たに生き直すため、そしてあの島の青空のように晴れ晴れとした笑顔でサッカーに興じる島民たちのためにも、自分に何ができるか、自問自答し始めました。そして、まずは人間と地球環境について自ら調査することに決めたのです。読者の皆さんもご一緒にどうぞ！

2　地球は生きている？

漆黒の宇宙に浮かぶ、碧き水の惑星。私たちの母なる地球は実に不思議な天体です。

地球の幼年期である38億年前に比べると、現在、地球に降り注ぐ太陽エネルギーは25％も減少しています。そして自転の周期、つまり一日の長さは幼年期の5時間から現在の24時間まで増加しました。すると地球の大気はどうなるでしょう？　どのような変化を遂げたのでしょうか？

不思議なことに、地球上の酸素濃度はほぼ一定になるように自動調節されてきました。通常、あるシステムへの入力が変化すると、その出力も変化を強いられるはずですが、なぜか地球の場合は例外的なのです。それは、人の体温が、体内に摂取する飲食物の多少にかかわらず、３６・５度の一定値に保持される事実にも似ています。このように外部環境の変動に対して内部環境を一定に保とうとする状況を『ホメオスタシス（恒常性）』と呼んでいます。人や動物のホメオスタシスは、脳や神経を含む様々な器官が複雑に連携して働いています。地球も同様で、一見バラバラに自由に生存している、水陸空の多様多彩な存在が密接に関連しあってホメオスタシスを維持しています。私たち人間は、それら無数の存在の中のたった一種に過ぎません。いわば、人間は地球というシステムの一部品です。重要なことは、その一部品が「生きている」ことです。もちろん、他の主要部品であり、酸素を発生する植物たちも生きています。したがって、これら生命を有する諸部品が、生命を有しない他の無機的部品と連携して形成する地球という巨大で複雑なシステム（無機・有機連合体）も、ある種の生命体と見なされることが分かっています。

この生きた地球共生系システムを『ガイア』と呼び、関連研究を推進し始めたのが、英国人ジェームズ・ラブロック博士でした。それから長期間、彼の研究は、米国地球物理学会（著者も会員です）などの主流の研究者たちから無視され、批判され続けました。

著者は、10年ほど前に東京でラブロック氏に会いましたが、話しているうちに著者が米国地球物理学会のメンバーと知ると、憤懣《ふんまん》やるかたない表情に変わったので、少々焦ったことを覚えています。すぐに私がガイア理論に重ねて敬意を表しますと、ラブロック氏もなんとか機嫌を直して一緒に写真に収まってくれました。

3　奇跡の大気　～生きている地球と共に生きている～

地球のホメオスタシスには、驚くほど繊細な面があります。

地球大気の成分は近似的に窒素79％、酸素21％です。今、空気中の酸素が21％から22％になったとします。たった1％の増加ですから、全然問題ないでしょうか？　現実は、そうは問屋が卸しません。酸素が1％増えただけでも、山火事になる危険性が、実に70％も増加すると試算されています。酸素が4％増加して25％になると、さらに悲惨になります。雷ですぐに火災が発生し、地上は焼け野原と化してしまうのです。

では逆に、酸素が減ったらどうでしょう？　この場合も似たようなもので、酸素が20％を切ると陸上生物はすべて、生きていけなくなるのです。

酸素の変動率は、21％プラスマイナス1％以内に抑えられなければ、地球の安定は保てません。

賢明な読者の皆様にはすでにお分かりいただけたと思いますが、現在の大気の酸素濃度は偶然の産物ではありません。高く投げ上げたボールが地面に落ちた後はすぐに地面の高さで安定するように、酸素濃度も落ち着くべき濃度に落ち着いているのです。窒素79％、酸素21％。実に、何十億年という気の遠くなるような長期間、この比率は不変です。数十億年前の太陽エネルギーは今とは25％もかけ離れているのに、地球大気の組成はまったく変化していません。それどころか、アンモニアやメタン、アルゴンなどといったごく微量に存在する希少ガスの組成までも、ぜんぜん変わっていないのです。これぞホメオタスシスという精緻な存在が、我が母なる地球なのです。

4　子孫が受け取る未来の地球

古来、豊葦原《とよあしはら》の瑞穂の国と呼ばれてきた我が国は、かつて、溢れんばかりに豊かな自然をこれでもかと取りそろえた超巨大デパートのような威容を誇っていました。母なる大海原に周囲から優しく抱擁されながら、白砂青松《はくしゃせいしょう》も沃野《よくや》も、緑滴る青山も、神聖さをたたえた白きたおやかな峰々も、そこから流れ出る無数の清冽な水流や河川も、他国から羨望されるほどずらりと勢ぞろいして圧倒的な山紫水明《さんしすいめい》圏《けん》を形成していました。

例えば、江戸時代の日本は比類ないほどの景観を誇り、幾多の浮世絵の名作を通して、世界中でいまなお広く愛好されています。しかし、現在はどうでしょう？　実は、国土の美しさは、国民の心の美しさを反映します。江戸時代の日本人の心がどれだけ豊かであったか、想像できますか？それについては江戸時代末期に日本を訪れた外国人たちも指摘しています。日本人は皆、常に笑顔を絶やさなかったと。小泉八雲（ラフカディオ・ハーン）なども日本人に敬服して日本に帰化し、日本女性を妻にめとったほどです。

地球は未来の子供たちへの贈り物と言われますが、昔日《せきじつ》に比べてとみに荒れ果て、放射性廃棄物まで広範にまぶされた国土を受け取る、我が子孫たちは本当にかわいそうです。私たち大人は今、子孫のために、これから死にもの狂いで国土を浄化する責務を担っているのではないでしょうか。

5　地球と連携している生態系

初夏になると天気図には梅雨前線がどっかり腰を据えます。西方から前線沿いに低気圧が後から後から押し寄せます。この前線、どうも日本の西方、東シナ海の影響が強いようですが、いったいどこから始まっているのでしょう？　中国でしょうか？　それともタイ？　疑問に思った著者が、インターネットで気象衛星の画像を調べたところ、雨雲は、なんとバングラデシュの南方、インドとタイに挟まれたベンガル湾から延々と伸びて来ているではないですか！　ベンガル湾で発生した水蒸気がはるか遠方の日本の気候まで左右していたのです。ベンガル湾の熱気がさながらエンジンで、そこから日本まで続く雨雲が動力を伝える長大なケーブルです。雨雲は、途中の南中国や東シナ海でも水蒸気を失ったり調達したりしながら長旅するわけです。

これは著者だけの曲解でもなんでもなく、気象学的にも認知されている事実で、調べてみると「ベンガル湾に見られる、エルニーニョに似た、暖水塊現象が日本の気候に影響する」という比較的新しい研究結果も報告されています。というわけで、バングラデシュと日本の降水量などの気象データは、かなり相関しているのではないでしょうか？　そして、そのベンガル湾の気候もインド洋や、遠くアフリカの気候に影響されているはずです。

梅雨前線以外にも、遠く離れた各地が連携している現象として、中国奥地から日本への黄砂の飛来、サハラ砂漠からアマゾンへの砂塵の飛翔、北半球や南半球の大気を貫き地球を一周するジェット気流や、茫漠たる大洋を縦横無尽に巡回する黒潮、親潮などの大海流、特に全世界の大洋を結びつける巨大深層海流など、枚挙にいとまがありません。中でもおなじみのものはエルニーニョやラニーニャ現象で、これら南米ペルー沖の海水温変動現象が世界の気象に深刻な影響を与えることは周知の事実です。

地球上の局所的な変化がネットワーク的に連動して、各地に影響を与えます。すると、一部の汚染が全世界的に拡大しかねません。しかし、逆も真で、地球上の一部の浄化も全世界的に好影響を与えられるのです。

どちらにしても、世界各国の住人は子孫にはもちろん、諸外国に対しても責任を負っています。中国大陸や朝鮮半島から押し寄せるプラスチックごみや越前クラゲの脅威からも、そのことが分かるでしょう。日本から流出する大量のゴミも、はるか米国領ミッドウェイ島まで押し寄せて、波間にきらめきながら浮かぶ使い捨て百円ライターなどは現地の鳥たちに誤飲され、毎年何百〜何千羽もの命を奪いつつあるのです。

また、中国奥地のタクラマカン砂漠から黄砂と共に運ばれるバクテリアやカビが海中に落下して、サンゴを死滅させるという説もあるほどです。

ですから、地球は各地が連携した、一つの生命体であり、だからこそホメオスタシスが維持されます。また、現代の汚染が子々孫々まで影響を与えます。私達と子孫とは時間空間的に繋がっているのです。その結果、どこかでゴミを捨てると、連鎖して世界中に影響が及びます。また、どこかで環境を破壊すると未来にまで悪影響が伝播します。その逆もまた真で、一粒の善意が広い時空間の全域にさざめきを伝えられるのです。

6　生命体がつくる地球

原初の地球上空には、今は私たち陸上生物を強烈な太陽紫外線から守ってくれているオゾン層がありませんでした。ですから、生物はまず紫外線が届かない安全な海中で発生し、進化しました。やがて、植物が酸素やオゾンを合成し、現在の大気が形成され、地球はオゾン層で包まれました。その結果、陸上の紫外線量も減り、やっと生物が陸上で暮らし始めたのです。言い換えれば、古代の植物がすべての陸上生命体に活躍の場を用意してくれたのです。これが進化の本質でもあります。

進化とは自分の種のためだけでなく、後世の全生命体のためにも有用な、時間空間的な広がりをもつものです。

植物たちが懸命につくってくれたオゾン層は、地球大気の一部である成層圏の形成や、大気の対流にまで影響しています。

さらに、微生物たちはせっせと、メタン、アンモニア、亜酸化窒素などを合成し、地球大気の組成や濃度や温度を制御しています。

　このように、少なくとも地球表面の陸や海、そして大気は生物の影響を色濃く受け、かなりのレベルまで微調整されています。さらに小さなスケールではどうでしょう？

　かつて気仙沼湾のカキの養殖業者たちが、カキの不漁対策として、気仙沼湾に流れ注ぐ河川の上流に植林をしました。それも大漁旗を持ちこんで、山の上にはためかせながら。『漁師が山に木を植える』として成功し、有名になった不漁対策ですが、これは河川が、上流の森林で培われた栄養分を海まで搬送して注ぎ込む、人の動脈のような役割を果たしていることの証明ともなっています。

　もう少し詳しく述べますと、特に、ブナやミズナラなどの広葉樹林では、落葉が大量に堆積して腐葉土を形成するため、主として海からの水蒸気である雨は直接地表を流れることなく、スポンジ状の網の目をくぐりぬけて次第に地下に浸透します。腐葉土層を通過する際に腐食酸の一種『フルボ酸』が生成され、地中深く浸透しながらイオン化した鉄と結びついて『フルボ酸鉄』に変化し、ミネラル分などを含み、養分に富んだ湧水となって地表に現れ、人や動物や陸上植物を潤します。その後、さらに海に注ぎこむと植物プランクトンの増殖をも促し、多くの海草を育んだりして、多種多様な魚や貝たちが生育できる豊かな海になるのです。つまり、広葉樹林は栄養豊富なミネラルウォーターをつくり、海中生物まで育ててくれるのです。

　ところが、その後研究者たちは、河川上流の森林地帯の土壌中に、通常なら存在しえないミネラルなどの養分を発見しました。しかも、森林の生育を促進させる養分です。調べてみると、それらの養分は、なんと海から河川を遡行したサケやマスなどを捕食した動物たちが森まで運びこんだものでした。つまり、広葉樹林の恩恵を受けて育った魚類が広葉樹林に恩返ししているのです。このように河川は、人の内臓から身体の隅々に酸素や栄養素を運ぶ『動脈』機能だけでなく、様々な成分を内臓に帰還させる『静脈』機能までも備えていることが明らかになりました。

こうして河川は人体の動脈と静脈に相当する重要機能を果たします。人類はこのような重要なことについこの間まで気づいていませんでした。

ちなみに、河川にダムを建設するとどうなるでしょう？　さらに、人間が飲料水や工業用水としてダムから大量に取水すると？

人に例えるなら、ダムは静脈注射時に人の腕に巻く止血ベルトのようなものですから、森と海の間の養分交換の図式が成立しなくなるのです。森や砂浜は痩せ、川自体はもちろん、海まで疲弊していきます。

いま、酸性雨や酸性霧の影響で、全国の森が危機的状況にありますが、それは河川にダムが乱立して、河川のみならずその周辺流域までもが、養分が途絶えた貧血状態に置かれているからかもしれません。人の手で、森の免疫力が弱められている可能性があります。

それだけではありません。かつては毎年2万トンもとれたと言われ、秋田県民にとっては郷土の魚、ハタハタの漁獲量は激減し、現在ではわずか60〜70トンしかとれません。かつて北海道で大漁が続いたニシンも同様ですが、各地に建設されたダムの影響で、元の栄養が絶たれ、河口やその周辺の近海が不漁になってしまったのです。そして今、我が国でダムのない河川は非常に珍しく、高知の四万十川くらいだと言われています。他の河川は程度の差こそあれ、すべて貧血・貧栄養状態に置かれています。これでは海中生物にまで栄養が行き渡りません。ダム建設を指導する土木工学者や行政官たちは、こうした事実を念頭におかなければなりません。

話は変わって、人類を支える農業に不可欠な黒土ですが、どのように生成されたかご存知ですか？広葉樹の落ち葉が腐ってできたものでしょうか？　当たらずといえども遠からずですが、落ち葉はまず、団子虫やミミズ等の餌となって分解され、さらにバクテリアなどの微生物の食糧にもなります。黒土とはそれら種々雑多な生き物たちの排泄物、つまり糞に他なりません。糞でできた土壌に食用植物を植えて、実や葉を採取することが農業です。農業に支えられてきた人類文明は、実は微生物の糞によっても支えられてきたのです。

今後、田畑をご覧になる際は、落ち葉や昆虫、そしてバクテリアを連想し、大空を見上げるときも、大気を作り維持管理してくれている植物や微生物たちに感謝してみてはいかがでしょうか？

このように、地球の資源は見事に『循環』しています。自然界に存在するもの全てに存在意義が備わっているのです。

こうして地球は、惑星規模の大気や大洋、大陸から、日本のような島嶼《とうしょ》国家の河川にいたるまで、生物を介して、あたかも無数の生命体を育むように調節しているホメオスタシスを維持することが分かりました。様々な規模で無数の有機物や無機物が密接に関連し、循環しあいながら形成してい

るのが私たちの母なる地球共生系『ガイア』なのです。（続く）

7　好循環と悪循環

『自然』とは、自らをあらわすという意味をもちます。この主語（自ら）は、ここではあえて自然法則としておきましょう。つまり、自然に秘められた法則性が、それ自体を表すものが自然です。そして、自然の特徴は進化にあります。素晴らしいですね。自然は表面的にはホメオスタシスを維持しているにもかかわらず、ちゃっかりしっかり進化しているのです。

進化とは自身と後世のための効率化に他なりませんから、ガイアの内部では進化により効率的な好循環が着実に進められています。さらに、自然界の様々な存在が活かしあう共生状態も実現されています。共生系では、ある生物の利益が他の生物の利益にもなるので、これもある種の循環です。共生系の内部ではきわめて効率的な、芸術的ともいえる循環が存在しています。

ところが、そこに出現したのが人類の文明です。とくに産業革命以降、自然の奥深い好循環に気付かないまま、自らの欲望に駆られた人類は、あちこちでより多くの資源を採取するために生物系を包含する好循環を寸断し始めました。面白いことに、人類は自身の価値観では、『金のなる木』のような好循環を生み出そうとしていたのです。つまり、人類の幸福のために経済活動を活発化し、そのために資源開発と自然破壊に奔走したのでした。しかし、彼らの好循環はガイアの好循環とはかけ離れたものでした。その結果、ガイア内部では、ついに大規模な悪循環（負の連鎖）が始動しました。

先ほどの河川の例では、ダム建設による上流から海岸への養分移動の中断が、カキやハタハタなどの漁業資源の激減をもたらしました。それ以外にも、河川から供給される砂が減少し、海浜がやせ細り、ときには消失しました。また、サケやマスなどの遡上魚類の減少により、上流では森林やそこに生息する動物たちが栄養不足になりました。そして、人類は自然の好循環を破壊する行為が、自らの経済的損失にもつながるという事実にやっと気付き始めたのが現状でしょう。

今後人類に求められるのは、地球共生系の一員として、自然の好循環を断ち切らず、自らの生活を豊かに潤す『好循環科学技術』の開発です。その過程で人類は自然に対する畏敬の念を深化させることになるでしょう。この動きは、特に日本の農業分野などで目立っており、自然農法として世界の耳目を集めつつあります。

8　悪循環から好循環へ

近年、安全でおいしい作物を生み出す自然農法がさらに注目されるようになりました。

先端的な自然農法には、農薬や化学肥料を使わないどころか、耕さない（不耕起）し、ほとんど肥料も与えず、除草もしないという、一見、手抜き風のものがあります。たとえば、名著『自然農法―わら一本の革命』（春秋社）の著者の福岡正信氏が提唱した米麦連続不耕起直播は、やはり好循環を利用していて、稲を刈る前にクローバーの種を蒔き、その後に裸麦の種の粘土団子をまき、稲を刈ったら稲わらを振りまくというものです。そして、麦刈りの前に稲モミの粘土団子をまいて、麦を刈ったら麦わらを振りまくという、人工物の投入をなくし、自然の営みを利用した非常に高度な好循環的栽培技術になっています。

この農法を知ってりんごに応用しようと、長期にわたり、あらん限りの努力を費やしたのが最近話題の木村秋則氏（『りんごが教えてくれたこと』〈日本経済新聞出版社〉など）です。どちらの場合も田畑に農薬を散布せず、ほとんど除草もしなければ、やがて地表に枯れた雑草の層ができ、そこに様々な昆虫やバクテリアが共生し、さきほどの虫やバクテリアの糞の話であったように、養分豊かな土壌を作るので、肥料も不要になるのです。木村氏のりんごの場合も無農薬、無肥料で収穫量が多く、立派でおいしい、しかも長持ちするリンゴを育てています。

自然の知恵の秀逸さは底知れません。例えば、北日本を冷害が襲った昭和51年夏に不思議なことが起きました。8月に入り、太陽が3日間だけ続けて顔を出したとき、なんと自然栽培の稲だけが花を咲かせて受粉に成功したそうです。他方、人工受精の稲は、残念ながら受粉できなかったそうです。どうせなら、自然栽培の稲を食べたいですね。

この例からも、私たちが現代のような混乱の渦中にあるときにできることは何かが分かるような気がします。それは先祖たちがそうして来たように、大自然に向き合い、畏怖敬愛し、その流れにできるだけ沿った暮らしを営むことのように思えるのです。
自然の本質は好循環です。好循環はやがて進化を産み出します。よって、自然はあたかも大きな優れた意思を持つかのように長期にわたり全体的に進化します。太古の昔、海藻類が進化してCO_2を吸って酸素を出し、さらにはオゾンが生成された結果、陸上から紫外線が減り、陸上生物が繁栄しました。つまり、海藻類は後世の陸上生物たちのためにも懸命に酸素を産出したのです。私たち人類が近い将来にそこまで進化できれば人類は、地球は安泰です。しかし、残念ながら、人類の知恵はまだそこまでたどり着いていません。人類が永続可能かどうかの分かれ目は、絶滅する前に、大規模な好循環社会を実現できるか否かにあると言えるでしょう。

自然農法のように、自然に存在する好循環に沿って農作物を生産すると、比較的少ない入力で高い生産が上げられます。しかも、化学肥料や農薬を大量に使う農法とは違って土壌は痛まず、周辺生態系はうまく保全され、農業従事者も農作物の消費者も、よい健康状態を保てます。すると、人々は病院に行かずに済み、医薬品の必要も減少します。通院回数が減少すれば、そのとき利用されることの多い車からの排出ガスも削減されますから、周辺環境も改善されて、良いことづくめです。ただし、化学肥料、農薬、医薬品関連企業は受注が落ちて困りますが、そちらの守備領域で好循環を進めればよいのです。そもそも農林水産業こそ、国家の安定の基本です。食料自給率は、高いに越したことはありません。

このように好循環は他の領域にも拡大する傾向があり、拡大すればするほど地球や人体の実質的な負担が軽減されるのです。逆説的にいえば、地球環境が悪化するような行為は好循環ではありません。

人間の使命とは産業革命以前のような好循環的な生活を取り戻し、さらに、これまで培った科学技術のノウハウで地球環境の保全と修復を進めながら、地球との豊かで適切な共生関係を楽しむことではないでしょうか。当時世界一の大都会だった江戸でも、好循環的共生社会を構築していたことは有名で、この事実を日本人は子供から大人までもっと重要視すべきです。

好循環社会では、ゴミが最小限になります。ゴミの排出量は、人間の知恵のレベルに比例するように思えます。江戸時代の日本人のように、高次元の人々はゴミを出しません。出しても少量です。逆に、低次元の人々はゴミを大量に排出します。元来、地球生態系は循環をベースにした、ゴミの存在しない高次元世界だったのです。そこにいわゆる『文明人』が現れ、ゴミを大量に発生させ、廃棄するようになりました。やがて、彼らはあまりに大量のゴミの捨て場の確保に困るようになり、しかたなくゴミの減量を考え始めました。そもそも循環社会の建設が目標ではなかったのですが、それを考え始める切っ掛けにはなりました。

好循環は地球だけの特徴ではありません。この宇宙全体の特徴です。宇宙に行ってもいない著者がなぜそう言えるかというと、いったん何者かが悪循環に陥り、持続させると、それは滅亡するからです。つまり、好循環は進化と繁栄への道で、悪循環は退化と滅亡への道なのです。そんなわけで著者は現在の地球における種々の悪循環（次節参照）を非常に懸念しています。

小さな宇宙とか小さな地球と呼ばれる、私たちの人体も好循環状態が理想です。ですから、人体の各種循環を精査して、それに沿うような暮らし方や医療を発展させることにより、疾病は前もって予防でき、もし発症しても最小の作用で迅速に治療できることでしょう。これについては後述します。

余談タイム：悪循環の私的事例

私事で恐縮ですが、ここで自らの体験をお話しします。２００９年の秋口に右膝に痛みを覚えました。東京に出張して、街なかを歩き回るとよくなったのですが、しばらくするとまたぞろ痛みが走るようになり、足を引きずりながら歩くはめに！　そのまましばらく放置しておいたところ、今度は左膝まで痛くなりました。右膝をかばいながら歩いていたので左膝に負担がかかったからでしょう。両膝が痛むと、今度は片足だけを引きずりながら歩くわけにもいかなくなりました。「ふうむ、片足を引きずれるというのは健康の証しだったのか」と感心し、痛む両足をかばいながら我慢してヒョコヒョコと歩き続けていました。すると、今度は腰痛が発生したのです。こうなると、次はどこが痛くなるのかと持ち前の好奇心が湧き、病院に行くのはもったいない、と通院拒否を続けていたところ、右の股関節が痛み始めました。その段階になると流石に困り、信頼している友人が薦めるサプリメントを飲み始めて、やっと痛みから解放されました。

この痛い体験も人体各部が連携している事実の証左に他なりません。各部がその役割を果たしながら、互いに補完しあっているのです。ですから、いったん一部に支障が出て、その状態が持続すると他の部分にも悪影響が及ぶのです。これは悪循環の一例です。人体はミニ地球です。地球によく似ています。

9　地球温暖化は大悪循環

近年、耳にタコ、鼓膜にマメができるほど話題になっている地球温暖化は、超大型台風以上の悪循環です。

例えば、人間が自動車やエアコンを利用して二酸化炭素（CO_2）が増え、地球が温暖化すると、快適にしようと自動車やエアコンを使う機会が増え、CO_2がますます増えて温暖化がさらに進みます。

また、温暖化の結果、山火事が増え、シベリアの針葉樹林地帯（タイガ）などあちこちで山火事が発生します。その結果、森林が乾燥するわ、CO_2は増えて暑くなるわで、ますます山火事が増えますから、完全に悪循環にハマってしまいます。その行き着くところが砂漠化です。

こうなると、森林地帯周辺の永久凍土（ツンドラ）も融《と》けるでしょう。そして、ツンドラに封じ込められていたメタンガスが放出されます。メタンガスはCO_2の23倍もの温暖化効果をもたらし、温暖化が加速します。それだけではありません。シベリアにはイェドマと呼ばれる、メタンや炭素が封じ込められた広大な凍土地帯が存在します。その面積はおよそ百万平方キロメートルですから日本の約3倍。イェドマはアラスカにもあります。現在、それらの融解が始まりつつあるのに、ほとんどの日本人は気づいていません。

さらに、シベリアの温暖化のため、北極海の海氷がますます融解します。海氷は白色で太陽光線を反射する、いわば地球の帽子です。それが近年、すさまじい勢いで融けていて、現在、夏季の海氷面積はかつての半分程度しかありません。海氷が融けた後には、黒っぽい色をした海面が顔を出します。黒は積極的に太陽光を吸収する色です。ですから、海氷が融けるということは、北極海が白い氷の帽子を取って、直接黒い髪を太陽にさらけ出すことに等しいのです。これはちょうど、お皿を取られた河童の状態です。さて河童（地球）はその後、どうなるでしょう？　この状態を、著者は10年以上も前から懸念してきました。

困ったことに、北極海の海氷の面積に加え、その厚さまで急速に減少しています。かつては平均3メートルありましたが、最近は1メートルの厚さしかありません。要するに、北極海の海氷の面積は2分の1に、厚みは3分の1に減っているのですから、体積でいうと6分の1まで縮小しています。私たちの体で言えば、体重が6分の1まで減った状態ですから、すでに死んでいます。こうなると、いま現在でも、北極海とその沿岸はかなりの危篤状態にあるといえるでしょう。

最近の不気味な新現象としては『北極のオゾンホール』があります。前述のように、オゾン層は紫外線から陸上生物を守る最重要シールドです。これまでオゾンホールというと南極上空に空いた、ときには面積が南極大陸の２倍ほどにもなる巨大ホールを指していました。オゾンホールはごく小規模なもの以外、地形的、気象的に南極上空にしか現れませんでした。ところがどっこい、２０１１年になって、突如南極のものに匹敵する巨大オゾンホールが北極上空に出現したのです。こうなると、太陽からの紫外線が、大量に北極に入射することになり、高緯度地方に居住する人々の健康への悪影響が懸念されます。

こうして北極海の氷が消えると、先述のように、黒っぽい海に太陽光が効率よく吸収され、冬季の氷まで次第に融解し、ツンドラの溶解とメタンガスの放出、森林火災やタイガの砂漠化等につながり、温暖化が急加速します。海洋さえも温暖化します。暖かい水は少量のCO_2しか含めませんから、海洋から大気へ大量のCO_2が放出されます。さらに、地球温暖化ガスであるメタンの固体形であるメタンハイドレードが融けだし、大気中に放出され……。

こうして、１つの悪循環がそれ以外の悪循環を呼びこみ、ネズミ算的な連鎖反応（ポジティブ・フィードバックともいいます）が始まります。人類がアッと気付いたときは地球がホメオスタシスの限界を超え、もう既に手遅れ、ということにもなりかねません。

このような不安定現象は加速的に進行することはよく知られた事実なのです。

最悪の場合、温暖化がとめどなく加速する、『熱暴走』となって、地球が高温大気をもつ金星のようになる可能性もあるでしょう。ところが熱暴走まで行く前に、海流の変化によって寒冷化のスイッチが入る可能性もあります。氷河期のような寒冷化が起こっても大いに困りますから、いまそこにある悪循環の根をなるべく早く断ち切ることが必要です。悪循環の最高の治療法は、がんのように早期発見早期治療です。なるべく早い時期に悪循環を改善し、好循環を復活させなければなりません。

本書の目的は、人々になるべく早く好循環の重要性に気付いていただくと共に、効率よく好循環生活に移行できるよう支援することに他なりません。

10　地球は寒冷化している?

本書を読まれている方でしたら、書店で環境関連のいろいろな書籍に目を通されていることでしょう。最近、目立つのは、地球温暖化を否定する論調のものです。かなりの数の科学者が、地球温暖化を否定しているようです。それどころか、地球は寒冷化している、または、すぐ寒冷化すると主張する科学者さえいます。しかし少数派である彼らの主張は間違っていると著者は信じています。

以下にその理由を説明しましょう。

反温暖化論者の趣旨は以下の3点に集約できます。

①世界中の気温データは、測定地点が都市化の影響を受けているため温暖化しているように見えているだけで、地球大気全体が温暖化しているのではない。

②気温データの詳細を比較すると、大気中のCO_2量と世界平均気温は逆の相関がある。つまり、CO_2が増えると世界平均気温が下がり、CO_2が減ると気温が上がる。だから、CO_2が増えても地球は温暖化しない。

③世界平均気温の上昇の主因は人間活動ではなく、太陽活動の活発化である。

以上の3点に対する著者の反論を示します。

①都市やその近郊での平均気温は確かに著しく上昇した。たとえば、東京では過去百年に3度も上昇している。しかし、都会からはるか彼方のシベリアでも過去40年に3度上昇しているし、南極半島でも過去百年に2・5度上昇した。極地以外の僻地でも気温は上がっている。その証拠として都市から離れた、世界中の山岳地帯でも氷河が急速に融けている。5例ほど示すと、まずヨーロッパアルプスでは1850年以降、氷河の体積が半減した。体積は1970年代の10年間だけで10～20%減少した。南米の南端付近にあるパタゴニアのウプサラ氷河は20年間に5キロメートル後退し、氷の厚みも最近3年間だけで30メートルも薄くなった。アフリカ・ケニアのキリマンジャロの頂上付近では、氷河はすでに消滅した。グリーンランドの氷も急速に融けている。そして世界の氷河の融解速度は年々加速してきている。さらに北極海の海氷も2013年以降の夏季なら、いつ消失してもおかしくない可能性が指摘されている。

②大気中のCO_2は1年の間に増減する。それは植物が温暖期にCO_2を多く吸収し、冬期はあま

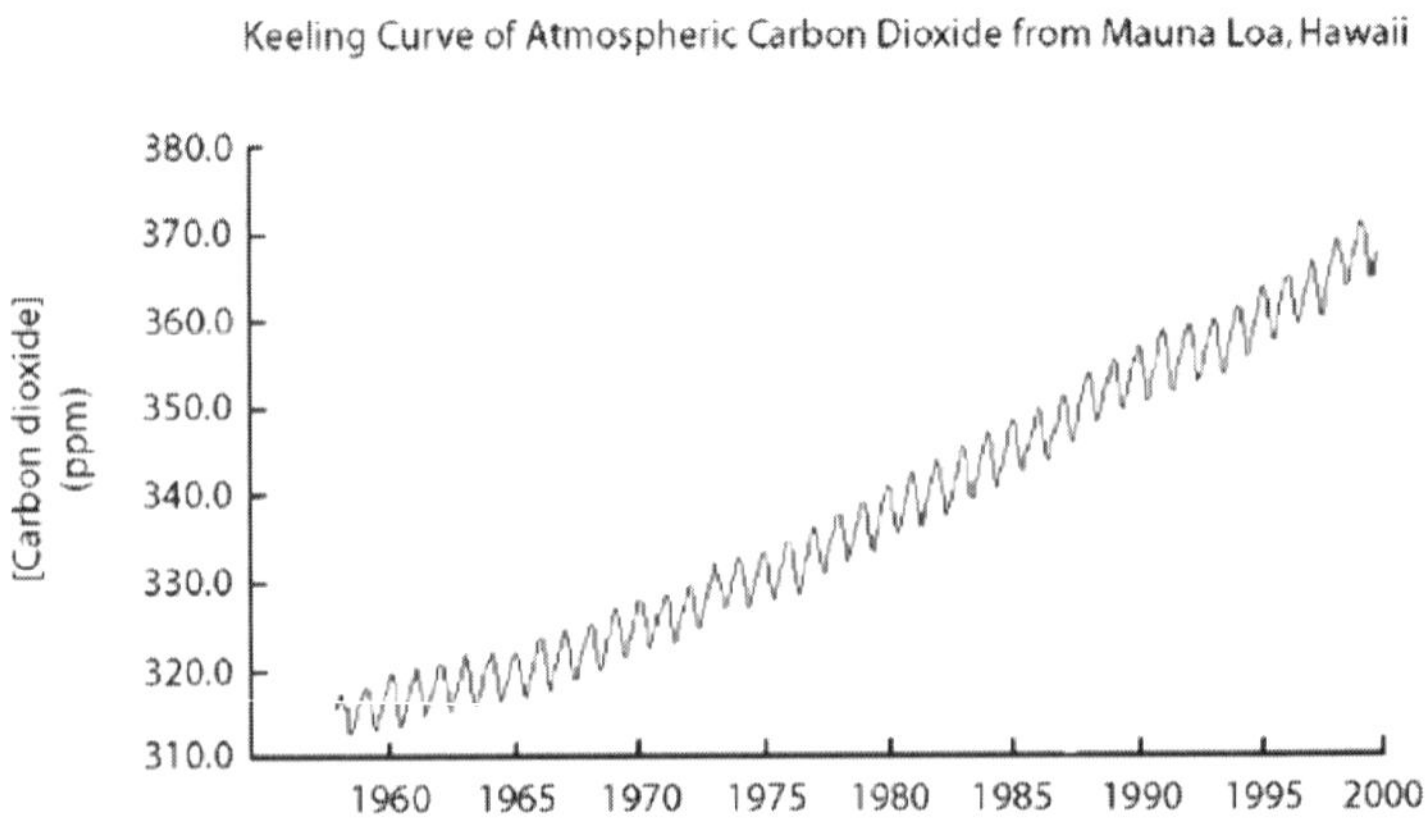

図1-1　大気中のCO2濃度の3地点における経年変化の様子：1年周期の小さな振動がより大きな右肩上がりの線上に乗っているように見える。
（東海大学新聞連載コラム「地球の鼓動に耳をすませば」より
http　://www.tric.u-tokai.ac.jp/rsite/r2/kodou/kodou29j.html）

り吸収しないからである。このため、大気中のCO_2量の測定値は1年に1回振動するように見える。この振動と平均気温の年間変動を比較すると、確かにCO_2が増えると平均気温が下がり、CO_2が減ると気温が上がるように見えることがある。だから、CO_2が増加しても地球は温暖化しないとは断言できない。振動部分だけでなく、より大きな、そのベースも含めると（図1―1）、CO_2も世界平均気温も、年々着実に増加している。現に、100年前に比べるとCO_2は約280ppmから約380ppmへと約100ppm増加し、その間、世界平均気温は0・8度上昇した。振動部分は、ベースに比べると極めて小さい。図示されている、その小さな振動部分だけを見て、結論を下すことは不合理である。『木を見て森を見ず』という言葉があるが、それが当てはまるのがこの主張だ。

③最近、どうも太陽活動が異変をきたしている。太陽の黒点数が予想よりもかなり減少しているのだ。太

陽活動の一つのシンボルともいえる太陽黒点に伴う磁場も年々着実に減少している。このままで推移すると、２０１５年には磁場がゼロになるとの予測もある。このように、太陽活動は活発化しておらず、むしろ鎮静化しつつある。さらに、地球・太陽間の距離も歳差運動などのため、年々遠くなっていて、太陽からの放射熱は減少しても当然のように思える。それにも関らず、むしろ地球表面では気温が上昇している事実は、３の主張が正しくないことを示している。

本章の最後に述べておきたいことが2点あります。

1点は地球温暖化を促進して目の敵にされている温暖化ガスについてです。

CO_2は悪者ではありません。むしろ、CO_2は恩人で、そのお蔭で私たちは地球で暮らせるのです。まず、CO_2は植物にとって重要なエネルギー源です。さらに、CO_2がなければ、地球は零下15度の凍てついた惑星になってしまいますから、人類はほぼ全滅です。私たちはCO_2に感謝すべきなのです。

そして、CO_2は人類の排出物のうちの1種に過ぎません。人類はCO_2以外にも、無数の物質をゴミとして日夜廃棄し続けています。ですから、人類生存のためには、それらも削減しなくてはなりません。

2点目は地球温暖化を始めとする環境悪化の真の原因は何かということです。その主因は2つあるように思えます。

第1は、拙著『高次元の国 日本』（明窓出版）でも指摘したように、人々が物質主義に翻弄されてその結果、地球や子孫のことはあまり気にしていないことです。

第2は、そうした物質主義者が増えていることです。経済活動の一環である宣伝広告により、人々は物欲に火をつけられ燃え盛っています。そして、途上国では人口が膨張しています。売り手にとっては消費者が増加する絶好のチャンスですが、地球環境にとっては最悪です。ですから、インドのような途上国の人口問題を真剣に注視し、議論する必要があるのですが、そのような声はなぜか上がりません。なぜでしょうね？

第2章
すべてを解決できるエコスパイラル
―試しに食料問題―

著者が米国に住んでいた1970~1980年代、米国では堕胎支持者と堕胎不支持者の間で深刻な論争がありました。論争だけでは収まらず、反堕胎活動家たちは、堕胎クリニックを焼き討ちしたりして、かなり過激でした。まるで明治維新の尊王攘夷派みたいです。

「アア、もったいない。両者の活動には合意可能な共通項が存在するのに、気づくことなく争いながら互いにエネルギーを消耗しているなぁ」

私は残念でなりませんでした。

堕胎支持者にとっても、堕胎は肉体的・精神的苦痛であるはずです。できるだけ避けるべきであることは明白です。これはもちろん、堕胎不支持者にも言えること。ですから、不要な妊娠を避けるために、性教育の充実が最も優先されることは明らかでした。

このように、反目することなく冷静に一歩下がりさえすれば、両者の共通項が見つかることが多々あります。温暖化・寒冷化論争も同様です。現在の地球は、人類の活発な経済活動のために過負荷状態に置かれていることは自明ですから、地球への負荷を減少させる方法を充実させなければなりません。全人類が、とくに先進諸国では、資源・エネルギーの年間消費量が地球1個分(生物生産力および二酸化炭素の吸収力の観点で)以下に収まるよう、省資源・節エネルギーを推進する必要があるのです。すると、その活動の付随効果として、温暖化も次第に抑制されるはずです。

1　食料自給率が低くても

温暖化だけでなく、エネルギー・食糧事情も心配です。今後、世界のエネルギー・食糧事情は確実に悪化するでしょう。と言うのも、ブラジル、ロシア、インド、中国、南アフリカのＢＲＩＣＳ諸国が台頭してきたからです。現在の先進国の人口は約10億。その人々が地球のエネルギー・食糧をほぼ自由に活用して豊かに生活してきました。ところが、ＢＲＩＣＳ諸国の人口は約30億です。彼らが、次第に先進国並みの生活をし始めますから、それに伴うエネルギー・食糧の必要量は今後、急増するでしょう。遅かれ早かれ、世界的なエネルギーと食糧不足の時代がくるでしょう。それに温暖化が拍車をかける可能性もあります。

それに対して、エネルギー事情は省エネ等で何とかするとしても、我が国の食料自給率はかなり低く、問題になっています。なにしろ先進諸国の間でも、もっとも低いぶっちぎりの40％です。心配ですね。現状を改善するために、私たちにもできることはないでしょうか？　実はあるのです！

それが本書の前書きで紹介した〝エコスパイラル生活〟です。

もし食料の輸入がストップしたら、白米の代わりに玄米を食べると、それだけでコメの生産が１割も増加したことになります。白米は玄米を精米してヌカの成分を除去して作られているので、できた白米の重さは玄米より１割軽くなっているからです。つまり、ヌカは玄米の重さの１割を占めるのです。実はヌカには様々な栄養素や食物繊維が含まれていますから貴重です。精米の手間とエ

各種お米をご飯にした場合の栄養価の違い（可食部100g当たり）

精米の種類	エネルギー量	たんぱく質	カリウム	リン	ビタミンB1	食物繊維
玄米	165kcal	2.8g	95mg	130mg	0.16mg	1.4g
五分づき米	167kcal	2.7g	43mg	53mg	0.08mg	0.8g
七分づき米	168kcal	2.6g	35mg	44mg	0.06mg	0.5g
胚芽米	167kcal	2.7g	51 g	68mg	0.08mg	0.8g
白米	168kcal	2.5g	29mg	34mg	0.02mg	0.3g

ネルギーが省けるだけでなく、食物繊維やミネラル、ビタミンなどの栄養素が吸収でき、健康的です。表にも示されているように、カリウム、リン、ビタミンB1、食物繊維に関して、玄米は白米の3～8倍も豊富です。しかし、玄米はやや消化しにくいため、東洋医学では『寒』を運ぶ食物と言われるくらいですから、慣れないと下痢や軟便になる恐れもあり、冷え症の方は冬場は避けた方が無難かもしれません。対策としてはよく噛めばよいのですが、冷え症の方の場合、無理せず、3分づきや5分づき等、好みの精米度から始めるといいでしょう。7分づきや、まだまだ栄養も味わいも豊かな『胚芽米』もあります。白米の粒をよく見ると片方の頂点が欠けたような形をしていますが、栄養豊かな胚芽が欠けているので、そう見えるのです。胚芽米とは白米に微小ビタミン剤をくっつけたような有難いお米です。

宮沢賢治のあまりにも有名な詩に「一日に玄米四合と味噌と少しの野菜を食べ」とありますが、それは、当時の自然農法による玄米が栄養豊富だからこそ可能な食生活なのです。表では色々なお米の栄養素を比較しています。白米はいかに栄養素が少なくなっているかがよく分かると思います。

白米よりも胚芽米、３～７分づき米や玄米を摂取して、健康的な食生活を送ることが、食糧不足時の自衛作戦の一環になるのですから、一石二鳥です。食糧不足がまだ始まっていない今から始めれば健康的ですし、自給率が上がりますから、我が国の食料安全保障に役立ちます。複数のエコ手法で相乗効果をあげることがエコスパイラルですから、玄米や胚芽米を食べることも省資源・節エネルギーの立派なエコスパイラル技術です。

しかし、もし本当に食糧の輸入がストップしたら、ただ玄米を食べるだけでは飢えてしまいます。けれども、それほど心配はありません。実は、自給率40％とはカロリーベースになっており、その計算は高カロリーの肉類が強調されています。肉食を減らせば自給率はある程度簡単に上がります。それに肉は輸入品が多いので、危機時には肉食を減らさざるを得ません。そして、国内には休耕田がたくさんあります。耕作放棄地と合わせると、耕地面積の３割にも及びます。そこを蘇らせて米やイモを作ればよいのです。例えば水田は、化学肥料を浪費しなければ、生態系を崩さない素晴らしい農法です。できた米をご飯として食べるだけでなく、パンや麺に利用してもとてもおいしくいただけます。これもエコスパイラルで、小麦の輸入量や輸送のための燃料代や船賃、船の建造費、港湾設備、そして件《くだん》のCO_2まで減少します。工夫をすれば自給率は上がるのですが、今はせっかくの水田が広大な耕作放棄地や休耕田になって利用されていません。

安全性に疑問がある遺伝子組み換え作物を多く含む外国産食料への依存を抑え、美味で安全な米パンや米麺を食べる習慣をつけ、休耕田や放棄地を蘇生させたいものです。すると、食料自給率も上がり、次に述べるように、地球さんも喜ぶ結果が出せるのです。

2　把握すべき事実

ひょっとすると「おいしい白米を止めて、まずくて消化しにくい玄米を食べる？　そんな、アホらしい」と思われた方もおられるかもしれません。そう断定される前に、現状把握をさらに進めてみましょう。

ＴＰＰを始め、経済のグローバリゼーションが急速に進みつつあります。貿易が促進され、世界的な経済交流が進みます。その果てに何が待っているのでしょう？　大きな利益でしょうか？　結果を知るには、現状を正確に把握しておく必要があります。

日本は多くの製品を輸出していますが、それに匹敵する量を輸入しています。世界全体で日本の輸入農水産物の占める割合は、農産物が世界の８％、水産物が世界の22％程度です。しかし、日本の人口は世界の１・５％なのですから、明らかに輸入し過ぎのように見えます。そこに深刻な問題があることが、次に明らかになります。

日本が製品を輸入するには、長距離輸送する必要があります。輸入した「食糧」の総重量に「輸送距離」を掛けた数字（両者の積）を『フードマイレージ』と呼びます。そして、輸入した「木材」

の総重量に「輸送距離」を掛けた数字が『ウッドマイレージ』です。これらのマイレージが高くなるとCO_2の排出量も増え、地球環境に悪影響を与えるのです。

さて、それでなくとも輸入量が多い日本のフードマイレージとウッドマイレージは、我が国が欧米からも他のアジア諸国からも遠いため、断トツで世界一位なのです。CO_2の排出量だけで温暖化への寄与率は決まりません。マイレージの観点から見ると、日本は温暖化に大きく寄与する張本人です。

では、日本に製品を輸出する国々は利益が上がって喜んでいるでしょうか？　一部は確かにそうかもしれませんが、例えば日本が輸入する大豆のため、『地球の肺』と呼ばれているアマゾンの熱帯林が年々減少しています。そして、日本では健康のために植物油が好まれるため、マレーシアの熱帯林が次々に伐採され、パーム油を生産するヤシ畑に変えられつつあります。さらにそこでは、日本で許可されていない農薬が現地住民の健康にも悪影響を与えつつあるのです。

これらの事例は氷山の一角に過ぎません。

対策として私たちにできることは、

①できるだけ国産品を購入する
②温室栽培ではない旬の食品を選ぶ
③家庭菜園を楽しむ（地産地消、旬産旬消）
④国内の農林業を支援する

などです。地球のため子孫のため、そして食料安全保障のためには、経済のグローバル化を追求せず、むしろ、食糧と資源の自給率向上を急ぐ必要があります。それにはエコスパイラルが有効なのです。

3　鳥インフルエンザや口蹄疫が意味するもの

２０１０年に宮崎県の牛たちに口蹄疫という牛の伝染病が襲い掛かりました。牧畜業者が何十年もの歳月をかけて大切に育て上げた、自慢の種牛たちも殺処分されてしまいました。乳牛も肉牛も育ての親も、共に最後まで嗚咽し続けていたそうです。

このように国内では、毎年のように鳥インフルエンザや口蹄疫等、家畜の伝染病が発生し、実に大量の家畜たちが殺処分されるようになりました。明らかに悪循環が起こっています。以前はこの種の病気はほとんど発生していませんでした。恐らく、肉食が進み、飼育頭数が増加したことや、劣悪な飼育環境のため、家畜の免疫力が低下したことも原因ではと推測しています。その一方で著者は、根本的な対策は肉食の抑制にあると思っています。肉食とは色々な弊害がある、悪循環の大きな要因だからです。

まず、金持ちの国々の国民が肉食をすると、貧しい国々の国民は穀物が食べられなくなり、飢えてしまいます。地球上では、いまだに８億人が飢え、毎日４万人が餓死しています。その理由はあなたの肉食かもしれません。と言うのは、牛肉1キロの生産に穀物11キロ、豚肉1キロの生産に穀物7キロが必要だからです。現在世界の穀物生産量は年間18億トン、つまり1人あたり300キロ。それと少しの野菜さえあれば、誰も飢えるはずはないのですが、餓死者が毎日4万人も出るという事実は、豊かな人たちが肉食するために、貧しい人たちから穀物を奪い、家畜に食べさせていることに由来すると考えられます。

次に、牛のゲップは温室効果ガスであるメタンを含み、地球温暖化の主因の一つでもあります。

さらに、肉食は人の健康にも悪影響を与えるという重要なことがあまり知られていません。以下に肉食の問題点とともに菜食のメリットを紹介しますが、もちろん肉を全く食べない完全菜食を勧めているわけではありませんので念のため。何事もほどほどが良いのです。

(1) 菜食は動物にやさしい

牛の知能の高さについてはあまり知られていませんが、近年、英国の科学者たちが調査した際に、あまりの賢さに驚いたそうです。小さな犬や猫でさえ、知性の高さに驚くことがあるくらいですから、犬猫よりも大きな脳の持ち主である牛が賢いのも道理です。そんな賢い牛「みいちゃん」が、育ての親の貧しい家族が年越しできるよう、中でもみいちゃんと同じ日に生まれた小学生の女の子が無事に新年が迎えられるようにと、屠殺されるに至る実話を紹介した本『いのちをいただく』(内田美智子著、西日本新聞社)もあるほどです。屠殺場でのみいちゃんの健気な態度は、涙なしには読めません。これは名著ですので皆様にもお勧めです。

牛の寿命は犬猫と同様に15～20年もあるにも関わらず、ＢＳＥ（狂牛病）対策のため、米国は生後20ヵ月以内の若ウシを日本に輸出しています。人間で言うと、7～8歳くらいに相当します。日本人は小学校低学年程度で屠殺された牛を米国から輸入して食べているのです。

そして、より悲惨な豚の寿命は約10年ですが、その10分の1である生後1年で出荷されます。たったの1年です。余りにも短い一生です。これも人間でいうと小学校低学年です。

最も悲惨なニワトリの寿命も約10年ですが、卵を産めないオスは生後わずか1、2ヵ月で出荷されます。寿命の１００分の1か2ですから、人間でいうと1、2歳の乳児ですね。

羊にしても、仔羊の肉などは特に好まれていて、皇室の結婚披露宴でもメニューに上がっていました。私には、乳児羊の肉料理なんて可哀そうで、泣けてきます。

先述のように、牛や豚は犬猫以上に賢いのですから、彼らは自分の運命もだいたい感づいているようです。育てられ方が悪ければ、人間を恨みながら屠殺場に連れていかれることでしょう。個人的には、そんな動物の肉はますます食べたくありません。

ところで、米国ではトウモロコシ飼料で飼育された牛肉が最もポピュラーで入手しやすいのです。おいしいという評判も聞きます。トウモロコシ飼育牛は通常、大規模な肥育場で育てられます。肥育場で、身動きがとれないわずかなスペースに押し込められた牛たちは、本来の飼料ではないトウモロコシをたっぷり与えられます。さらに、その場で糞尿を垂れ流し続けるため、衛生健康上の深刻な問題と環境汚染を引き起こしがちなのです。そして、運動不足の牛の健康を保つため、抗生物質、ステロイド（筋肉増強剤）、成長ホルモンなどが飼料に混ぜられ投与されます。これらの薬剤の残留物は、牛肉を食べる人間へと移動します。こんな牛たちも、人を恨む心を抱くのではないでしょうか？

どうしても牛肉を食べたい場合、放牧され本来の飼料である草を食べた牛の方がまだよいでしょう。動物に優しくないことは人にも優しくないはずです。

（2）菜食は人にやさしい

こうした悲惨で哀れな家畜たちに同情していただけたでしょうか？　家畜への愛に目覚めた一読者が、肉食を減らせばどんなご利益があるのでしょう？　虐待される家畜の絶対数が減少します。それだけではありません。好循環の回転が加速します。

もちろん、人にも大きなご利益があるのです。まず、飢餓人口が減るはずです。富裕国が増えつつある現在でも、飢餓に瀕している人々はたくさんいます。彼らに余剰穀物が届きやすくなります。次に、高価な肉を使った料理が減ると、お宅のエンゲル係数も下がるでしょう。しかも、生活習慣病のリスクも減ります。前述のように、肉にはさまざまな有害物質が含まれていることが多くあります。家畜を太らせるために筋肉増強剤などが多くの場合与えられています。私たちが食べる肉は、モツ以外はほぼ筋肉だからです。乳牛の場合、女性ホルモンも与えられます。それらの悪影響を、私たち人間も受けつつあります。ですから、肉食を止めると健康で長生きができる可能性が高まります。医学的にも、以下の結果が出ています。

肉をよく食べる人は食べない人より、糖尿病死亡率は2倍、心臓病死亡率は3倍、女性の乳ガン死亡率は2倍、大腸ガン死亡率は4倍も高いのです。

このところ、福島第1原発事故のために飛散した放射能で騒いでいますが、肉食の危険性に比べれば、原発直近や浪江町等を除く警戒区域の放射能は問題にならないレベルです。

家畜への愛が目覚めれば、自らの健康の改善にも愛が循環してきます。好循環の原動力は愛であるとも言えるでしょう。家畜も人も地球の一部ですから、地球に優しいことは自分にも優しいのです。これからは各自が自らの行動指針として、『地球への優しさ』にますます配慮すべきだと思います。

（3）放射線はどれだけ危険？

さて、話が少し脱線しますが、放射線を100ミリシーベルト浴びても、がんによる生涯死亡率が0・5％上がるだけです。それ未満では放射線の悪影響は全く認められません。むしろ、その程度の放射線は健康に良いとの結果が見受けられるほどなのです。例えば、「がんに効くこともある」とされる秋田県玉川温泉では、場所によっては放射線量が年間100ミリシーベルト以上ありますが、末期のがん患者さんたちに頼りにされています。

詳しく計算していないものの、肉食は1000ミリシーベルト以上に相当する悪影響を及ぼすように思えます。ちなみに毎日、お酒を3合以上、または煙草を一箱以上摂取すると、放射線量

１４００〜２０００ミリシーベルトに相当する効果があります。

年間放射線量が１ミリシーベルト、あるいは20ミリシーベルトを超える超えないで、小さな子供を持つ親御さんたちが色めき立っています。親御さんたちのお気持ちも分かりますが、私の認識では20ミリシーベルト程度なら心配ありません。現に著者はときどき福島県の汚染区域に出かけています。震災後に６、７回ほど訪れましたが、恐くもなく、なんの悪影響も感じていません。

前述のように、放射線の悪影響は１００ミリシーベルトを超えて初めて検出可能になり、生涯ガン死亡率が０・５パーセント上昇しますが、その比率はわずか２００分の１です（肉食を続けると、乳ガンや大腸ガンの発症率が１０００パーセント以上上昇します）。０・５パーセントということは、人口１万人の町の場合、通常３３００人がガンで亡くなりますから、それが３３５０人に増えるということなのです。それが年間１００ミリシーベルトの影響です。それ以下ですと、影響が少な過ぎて検知不可能です。それどころか、低線量放射線は健康を促進するというデータがあります。実際、中国の高放射線地域では結核患者が少なく、ブラジルの高放射線地域でも住民は健康的とのことです。ですから、20ミリシーベルト程度なら悪影響はないと思って問題ないですし、実際、そう信じた方がストレスも少なくなって楽でしょう。

低線量放射線を心配する親御さんたちが、子供たちにハンバーガーやステーキなど、大量の肉を習慣的に食べさせ続けるのは矛盾していないでしょうか。これは私たち日本人が知らず知らず、欧米の悪影響を受けて洗脳されているからです。本当は日本食から塩分を低減させたものが理想食です。それはマクロビオティックスや久司療法として欧米にも知られています。このような理想食を伝えてくれた先祖に感謝の想いが湧きあがります。

そもそも、歯を観ると、人間は肉食動物でないことは明らかです。人には犬猫のような鋭い牙がありません。人は構造的に遺伝的に、穀物・菜食がよく合う動物です。こうした、生物学的・歴史的な見方が大切です。自然の流れ、すなわち好循環の方向が分かるからです。人間本来の使命は自然界の好循環を見極め、それを愛の心で加速することにあります。すると、進化も加速されます。現在は、そのような見方がまだなされていないため、安全性に疑問があり、放射性廃棄物処理の目処が立ってもいない原発を、肉食と共に闇雲に推進してきたのではないでしょうか？　原発も肉食も、外国発の悪影響です。

（4）中・小食は人にやさしい

ここで改めて生物学的・歴史的に私たちの身体を眺めると、人間は、特に日本人の大多数は、つい半世紀前までほぼ継続的に栄養不足状態でした。その証拠に、日本人は小柄です。私たちの遺伝子は、若干栄養不足になったときに米や野菜を食べながら最高性能を発揮するよう長期間かけて設計されているのです。ですから、日本人は外国人に比べて、ちょっと飽食の習慣にハマると糖尿病などの成人病を発症しやすい傾向があります。従って、日本人には特に飽食しない習慣、腹八分が大切です。現に、多数の末期がん患者を救済する治療法に、西式健康法（甲田療法）などの断食療法があります。断食して免疫力をアップし、がんを治療するのです。

お腹一杯食べ過ぎると、体中のエネルギーが胃腸に集中し、食べ物を消化するだけで精一杯になりがちです。すると、免疫に回すエネルギーが不足し、免疫力が低下します。腹八分にすると適度な量ですから、消化のためのエネルギーが減り、胃腸が消化機能を適切に発揮できるのです。消化器系もそれ以外も余力がある状態になり、免疫力が十二分に発揮できます。こうして、飽食ではない中食（ちゅうしょく：腹八分）や小食（腹六分）を心がけると健康になります。ただし、腹六分の場合は栄養バランスが偏らないよう医者や栄養士と相談しながら進める方が無難でしょう。食事量の目安は、各食事の前に子供のころのような空腹感を覚えることです。食事前に空腹感を感じないようなら、少々食べ過ぎなのではないでしょうか？

中・小食にすると省資源ですから、地球への負担も減りますし、ダイエット効果ももたらしますね。これらもエコスパイラルです。しかし、中・小食には障害があります。何でしょう？

それは抵抗勢力です。私なども中食で、家族や友人にもやや馬鹿にされています。妻からは「あんたにはご飯の作りがいがない」と非難されました。妻が作るものを全部食べていると苦しくなるので、頼むから減らして、と何年もお願いしています。それでもなかなか減らしてくれませんので、恐々と食べ残すとそう言われたのです。実の親も義理の親も、「あんたは小食だねえ」とコメントします（中食なのですが）。

どうも現代の日本では、不思議なことに大食の方が好まれるようです。恐らくこれまでの飢餓情報が遺伝子に組み込まれていて、大食・飽食に憧れがあるのでしょうが、こんな私でも、自分が作ったものをガツガツ食べてもらえると嬉しい気持ちは少し分かります。私は福島原発が水素爆発した後、しばらく一人で往復600キロ運転して放射線汚染区域に何度も入り、置き去りにされて餓えた犬猫たちに餌を与えていました。与えた餌を犬猫たちが貪り食べてくれたとき、大いに感動したものです。しかし、それはそれ、これはこれです。いまどきの親は子に腹一杯食べるよう促しているのでしょうが、それは放射線を浴びせるより質の悪い習慣ですから、注意が必要です。

最近の親御さんは子供たちに食事だけでなく、何でも必要以上に与え過ぎているのではないでしょうか？　子供の将来を考えると、耐性やハングリー精神をもたせるために、与え過ぎは避けるべきです。欧米では上流階級ほど、子育てをするときにこの点を意識しています。日本でも戦前までは同様でしたが、中・下流世帯が比較的豊かになった今、それほど意識されていません。

余談タイム：天才人相鑑定師・水野南北

江戸時代の中ごろ、大阪に10歳から飲酒を始めた札付きの不良がいて、仲間を集め悪事ばかり働いていました。彼が18のとき、酒代欲しさに罪を犯して捕縛され、牢に入れられました。そして、牢内の罪人たちと、牢外の普通の人たちとの間に明らかな人相の違いがあることに気づかされたのでした。

出牢後、偶然出会った旅の僧から受けた宣告が「剣難の相で、余命1年」でした。助かる方法は「出家あるのみ」と自ら断じ、寺を訪ねて出家をお願いしたものの、彼のあまりの凶相のため、断られ続けました。ただ、ある寺の住職だけが、「麦と大豆だけの生活を半年続けられたら」という条件を課しました。半年後、彼がそれを全うしたとき、再び偶然、人相を見る旅の僧に出会い、顔を見るなり驚かれました。

「あなたは人命を救うような大きな功徳を積まれたに違いない」

彼はただ麦と大豆を食べ続けていただけですが、粗食こそが大きな功徳であることが分かりました。その後、彼は旅の僧から人相のいろはを習い、多数の人の顔を見て勉強するために諸国行脚の旅を続けながら厳しい修業を重ね、観相師・水野南北として天下一の名声を轟《とどろ》かせるに至りました。南北の特徴は、人相を見て運命を的中させることより、適切に指導して人を救うことに重点を置いた点でした。さらに、南北はつつましい食生活が運命を開くとする『節食開運説』を唱えました。以下に、南北の教えの一部をご紹介します。

○少食をする者は、人相が不吉な相であっても、運勢は吉で、それなりに恵まれた人生を送り、早死にしない。特に晩年は吉。

○過食をする者は、人相学上からみると吉相であっても、物事が調いにくい。手がもつれたり、生涯心労が絶えないなどして、晩年は凶。

○少食の者には死病の苦しみや長患いがない。

人の食事は他の生命体の尊い犠牲の上に成立しています。人は地球上の他の生命に依存しないと生きられません。地球の利益（地球益）にも配慮すれば、食事は質素なものにならざるを得ないのです。他の生命体の犠牲を最小にした粗食こそが、人に幸運をもたらす最善の食事になるようです。テレビでグルメ番組が跋扈している日本の未来が懸念されますが、食事だけでなく資源を貪る傾向にも同じことが言えるのではないでしょうか？

（5）菜食は地球にやさしい

皆さんはハンバーガーがお好きでしょうか？　著者はかつて米国に13年間住んでいましたが、当時は米国の国民食であるハンバーガーをときどき食べていました。米国には色々なハンバーガーチェーンがあり、中でも大規模なものがM社でした（しかし、私にはM社のハンバーガーが最もまずく感じられました）。この会社は子供向けに対策をして、ハンバーガー好きにさせるよう工夫を凝らしていました（悪くいうと洗脳です）。

さて、日本に進出したM社は、大成功を収めました。その手法の一つが１００円バーガーです。なぜ牛肉があれほど安く手に入れられるのでしょう？　不思議だと思いませんか？　たとえば、貴重なアマゾンの熱帯雨林は今でも伐採されています。そして、伐採後は牧場に転換されるのです。土地は先住民から収奪しますからタダ同然です。だから安い牛肉が生産できるのです。ですから私たちが肉食を減らすと、ある程度は熱帯雨林も守れます。牛のゲップも熱帯雨林の伐採も地球温暖化を促進させますから、肉食が引き起こす悪循環はなんと壮大で奥が深いことでしょう。

肉食を減らし、玄米あるいは胚芽米を食べ、菜食を増やし、腹八分に注意すると、家畜の伝染病は減り、飢餓に悩む人たちも減り、自分は免疫力が増加して健康になり、ダイエットになり、輸入量とフードマイレージも減って食料自給率が上がり、地球環境も改善するという好循環に繋がります。これこそが好循環によるエコスパイラル生活の基礎で、地球環境にも人の健康にも優しい長生きの秘訣なのです。

と、こんなことを大真面目に書いている著者は完全菜食ではありません。ときどき肉を食べる肉小食者です。ギョウザで有名な宇都宮市民なので、ギョウザは2カ月に1度くらい食べています。学食でカレーをよく食べますが、それにも肉片が入っています。しかし、仕事関係で弁当が提供されることもあり、中に入っている肉はしっかり感謝していただきます。しかし、自宅での夕食で肉を食べることはありませんし、外食で肉料理を注文することもありません（魚はときどき食べます）。本当のところ、焼き肉やステーキは好きなのですが、数年に1度も食べません。肉に関しては、たぶん普通の人の十分の一も食べないでしょう。地球のためのこんな習慣を著者は自分で肉小食と呼んでいます。もちろん小肉食と呼んでも結構ですが。始めから完全菜食にしなくても、まず週に一度、肉食を減らすことから始めるとよいのではないでしょうか？

4　農業の効率化

迫りくる食糧不足に備えてできることはたくさんあります。日本の農業は高コストとよく言われます。各農家の平均耕作面積が1ヘクタール前後と狭小だからです。しかも、それを耕すのに高い燃料を浪費しながらトラクターやコンバインという高価な大型機械を投入しています。これでは、コストが高くならないはずがないですね。この状況は、農協が本来の役割を果たしていないせいだと私は考えています。

本来の農協の仕事は、各農家が協同で耕作できるように配慮することではないでしょうか？　例えば、各農家のトラクターやコンバインの稼働率を見ましょう。農家のほとんどは兼業なので1年を通してほぼ休眠状態でしょう。しかも、そんな高価な機械を、各農家が1台ずつ所有する必要は皆無です。4、5軒の農家が共同で各1台所有して、シェアすればよいのです。すると、田植えや刈り取りを勤務先が休みである週末にできなくなる可能性が生じますが、そんなときこそ有給休暇を活用すればよいのです。その結果、各農家が農業機械に支出する購入費も維持費も5分の1程度になりますから、農業経営は格段に効率化されるはずです。こうして、消費者にも安い農作物が届くようになります。これこそ、農業協同組合の原点なのではないでしょうか？

5　各自治体に集団農場があると？

皆さんは国内に、75歳以上の高齢者が何人いるかご存知でしょうか？　その数たるや、実に約1500万人です。65歳以上のシルバー族は約3000万人もいます。彼らのほとんどは働いていません。しかし、元気に様々な活動を楽しんでいます。

彼らの内、かなりの割合の人が労働意欲に富んでいることでしょうが、働きたいと思っていても職がないのです。そこで各自治体に、耕作放棄地を利用した集団農場を開設してはどうでしょう？

そこでは、元気な高齢者を優先的に雇用します。年金受給者なので、賃金は安くてもよいでしょう。すると、高齢者はますます生きがいを感じ、運動もするので健康になり、病院通いも、医療保険負担も減少します。集団農場は、高齢者の雇用対策と医療保険対策、さらに年金対策にもなります。年金が少々減っても、農場で稼いだ収入で補填できるからです。集団農場はもちろん農業対策と食料対策にもなりますから正にエコスパイラルです。

2011年3月11日に起きた東日本大震災のため、多くのお年寄りが家や財産を失い、途方にくれておられます。集団農場なら、大人数で力を合わせて農業機械を購入し、励まし合いながら作物づくりを進められます。すべてを失った熟年の方々が単独で農業を再開するよりもはるかに効果的です。まず、集団農場で働きながらエネルギーを蓄え、少しずつパワーアップして、その後に個人農園を再開すればよいのです。

では、この就職氷河期に被災してしまった若者たちはどうでしょう？　せっかく就職できた会社から内定をキャンセルされた人もいます。集団農場を法人化して、農業法人にできれば若者にも魅力的で就職したくなる要素が増えます。若者には、この農業法人で幹部候補生として、企画・営業等の仕事を頑張ってもらいます。同じことが漁業や林業でも可能です。

6　環境問題のエッセンス

地球温暖化等の環境問題もしかりです。人に頼らず、自分たちだけでできることがたくさんあります。地球温暖化問題は特にCO_2によって深刻化しています。いくら地球がホメオスタシスの達人でも、こと平均気温に関しては氷河期・温暖期が繰り返す大変動はあるのです。ですから、温暖化の危険性には最大限の注意が必要です。

他方、先述のようにCO_2は、人類が出す無数の廃棄物のうち、ほんの一種に過ぎません。環境問題は、大気汚染でも、土壌汚染でも、海洋汚染でも、つまるところは廃棄物問題なのです。人類は、生活水準を上げるにつれ、廃棄物を増加させてきました。しかし、廃棄物問題が深刻化した今、人類に生活水準を下げるよう説得しても、まず無理でしょう。とくに、途上国の人々は先進国をお手本に、生活レベルを上げることに必死です。それではどうすれば良いでしょう？　そう、廃棄物を増やしても、それらを好循環させればよいのです。ちなみに、各家庭をゼロエミッション（ゼロ廃棄物）にすると地球環境が大きく改善します。そこで、著者は新築する自宅のゼロエミッション化に取り組みました。

家庭のゼロエミッション化は、ガソリンや光熱水の無駄遣いを抑えることから始まります。そのため、本書では様々な節エネ・省資源手法を網羅しています。それらを参考に、エコスパイラル活動を実施すると、私たちの暮らし方自体が好循環的なものに変わっていきます。

私たちの生活を支えてくれるかけがえのない地球。2030年には、世界の資源消費は、地球が持つ生物生産力およびCO_2の吸収力、つまり地球の再生可能量をはるかに超えて、地球2個分にもなると主張する『生きている地球リポート』が世界自然保護基金（WWF）から発表されました。このように、人類の需要が地球何個分という考え方をエコロジカル・フットプリント【環境的足跡】と呼びます。WWFは、人類がこのままのペースで天然資源を消費し続けると、「金融と同じく、環境分野でも危機がくる」と警告しています。

WWFによると、すでに現在の世界の消費量は地球1.3個分になっていて、地球が毎年供給できる資源量を超えています。その超過分は、地下資源などの『貯金』を食いつぶしていることになります。資源需要が最も大きい大食の国は米国で、世界中の人が米国人と同様な消費生活をすると、地球が4、5個分も必要になります。私たち日本人の生活でさえ地球が2、3個分必要となります。また日本は輸入依存度が高いため、国内で供給可能な量の約8倍の天然資源を消費しています。

最近もTPPやFTAなどの国際貿易協定に関して論議されていますが、これ以上、国際貿易が盛んになると、輸送関連のCO_2はどれだけ増えるでしょう？　生産が盛んになった結果、もっと資源が過剰消費されて、環境はどれだけ破壊されるのでしょう？　子孫は、動物は、どんな被害を被るのでしょう？　エコロジカルフットプリントは1・3個からどこまで拡大するでしょう？　そして、日本の食料やエネルギー自給率はどこまで下がるでしょう？　さらに、いざ異常気象や紛争に襲われた際、食糧やエネルギーの供給は誰が保証してくれるのでしょう？　その種の本質的な議論もなく、ひたすら成長を求めるための貿易協定が協議されつつあるように見えます。

生活の豊かさを求めるのなら、まずは電力自由化を推進すれば世界一高い我が国の電気料金が大幅に下がるでしょう。官僚の天下りと天下り先を縮小すれば、国家予算の赤字も収縮し、経済をもっと活性化させられる方向に予算を使えるでしょう。こうした改善すべき状況や地球環境の荒廃をよそに、貿易のグローバリゼーションを進めることは、欲にかられた亡者たちの仕業のように思われます。なんとなく原発の利権構造に似ていませんか？　この背後には何があるのだろう、とつい考えてしまいます。これらを強力に執拗に推進している存在は、食料もエネルギーも豊富に所有しているのではないでしょうか？　各国に協定を締結させた後、いざ一大事が起こると、持たざる国は、持てる存在に屈服しなければなりません。そんなとき、持てる存在は、豹変しパワーを露わにして、より傲慢に、より強大になるのではないでしょうか？　どうしても国際貿易協定を結びたいなら、事前にエネルギーと食料に関する安全保障条約を締結しておくべきでしょう。

欲を減らして、今後の地球環境や子孫の幸福を重視するなら、国家は貿易の国際化の逆プロセスを考えるでしょう。それはより小さなブロックにおける自給自足の推進です。例えば、国内や地域における自給自足ブロックの形成を促進すれば、輸送過程で排出されるCO_2は気持ち良いほど迅速に削減されるでしょう。エネルギーや食糧の不足を懸念することもありません。持てる存在たちはすでに、自給自足体制を整えて準備しています。

とにかく、廃棄物問題だけでなく、食料・資源問題も逼迫《ひっぱく》しています。炯眼《けいがん》の読者は気付かれたでしょうが、両者は密接に関連しています。廃棄物を減らすか有効利用すれば、必要な資源量が減らせるからです。限られた資源を有効利用するためにも、廃棄物を資源として有効利用する好循環生活が望まれます。

そこで、温暖化だけでなく、廃棄物や地球資源の見地からも、私たちには『エコスパイラルによる好循環生活』という生活革命が必要なように思えます。そしてこの生活革命は迫りくるエネルギーや食糧危機からもある程度、私たちを守ってくれるはずです。次章では、家庭でのエコスパイラルの実施に役立つ具体例を系統的に紹介し、エコ料理など、食料品のエコスパイラルに関しては第5章に紹介します。

第３章
地球と家計を守るエコスパイラル技術

1　エコスパイラルとは

本章ではいよいよ、地球と家計の未来を明るくする、エコスパイラル技術をご紹介します。これだけ大量のエコ節約技術を系統的に網羅した本も珍しいでしょうから、ぜひ積極的にご活用下さい。かなりの資源、そしてお金が節約できます。しかし、1点、ご注意いただきたいことがあります。節約だけでは地球への貢献は不十分です。問題は節約で稼いだお金の使い道なのです。

著者は、10年ほど前、とある大きな環境NGOのメンバーでした。その機関誌にいくつかの節約技術を紹介する記事を投稿したところ、折よく採用されました。そのとき、節約だけでは効果がないことも書き加えようかと逡巡しましたが、読者はエコ生活の熟練者だから大丈夫だろうと思い、書きませんでした。すると誰あろう、その機関誌の編集者が、私の記事に、次のようなコメントを添えたのです。

「節約したお金で旅行したり、グルメができたらいいですね！」

これこそが、正に私が恐れていたコメントなのです。旅行もグルメもCO_2の排出を伴うからです。分けても、海外旅行などで米国西海岸にでも行こうものなら往復で一人当たり600リットルもの航空燃料を使いますから、小型自動車でガソリンを15回も満タンにして消費することに相当するのです。それも一週間程度の短期間で！

節約も重要ですが、その利益の使い道も非常に重要です。

表3-1　エコスパイラルで購入できるエコ製品等

100～1千円	1千～1万円	1万～10万円	10万～100万円	100万円～
冷蔵庫断熱カーテン	タイヤ空気入れ	エコタイヤ	電動バイク	低燃費自動車
浴槽用アルミ保温シート	節電タップ	窓断熱フィルム	節電型家電製品への買い替え	ハイブリッドカー
自動車用サンシールド	LED 電球	省エネナビ	風力発電	電気自動車
窓断熱シート	扇風機	省エネコタツ	太陽光風力ハイブリッド発電	太陽光発電機
すきまテープ	よしず&すだれ	電動自転車	断熱窓ガラス	家庭用燃料電池
フリーサイズ落とし蓋	日よけシェード	皿洗い機	断熱窓サッシ	自宅の断熱化
節水コマ	断熱カーテン	電気コンポスト	太陽熱給湯機	地下水利用
節水泡沫器	圧力なべ	省エネガスコンロ	薪ストーブ	
アクリルたわし	シャトルシェフ	家庭菜園	バイオトイレ	
	風呂湯保温器	雨水タンク		
	節水シャワーヘッド	節水型洗濯機		
	バスポンプ	節水トイレ		
	樹木			

これまで世界中で、どれだけ多数の個人や企業が省エネ・エコ活動に努力したことでしょう？　しかし、地球環境がさほど改善しなかった原因は、多分にエコで得た利益の使い道にもあるのです。たとえば手にした利益で大型車を買うと、かえってCO_2の排出量が増えてしまいます。グルメを楽しんでも同様です。もちろん、絶対にそんなことをしてはいけないとは申しません。たまにはグルメ料理を楽しみたいですからね。

せっかくCO_2の排出量を減らせたので、利益をさらに地球のために使うと出費もCO_2もさらに減り、『好循環』が促進されます。そして、CO_2の減少が加速します。この一時しのぎでない総合的な好循環こそが、エコスパイラル生活のエッセンスで、地球を喜ばせる秘訣です。エコスパイラル生活では利益を再度、再々度と、表3―1にあるエコ製品の中でもより高額のものの購入に順次使いますから、購買意欲も満足させつつ、本物のエコ生活が送れるのです。光熱水費やガソリン代の節約だけではとてもハイブリッドカーや太陽光発電機購入は無理だろうと思われる方、頭の回転が速いですね。そうかもしれませんが、食費に至るまで健康的なエコ料理や伝統料理で節約できますからさほど心配ありません。あまりに家計の負担が軽減されるので、地球だけでなく読者もうれし泣きするかもしれません。そうなればいいですね！

節エネ目標を達成するには、全体的な手法と製品別の個別手法があります。全体的な手法の最たるものがエコスパイラルですが、これは各種個別手法の組み合わせです。

個別手法はガソリン、電気、ガス、水道、食品に関して多数あり、多くはほぼ無料で実施でき、最初からガソリンや電気料金などがかなり節約できます。エコスパイラルでは、節約額を利益として計上し、表3―1の節エネ製品を購入してさらなる節エネに努めるのです。具体的には初年度末の利益で表3―1第1列の節エネ製品を購入します。その結果、2年目末には利益がさらに増大します。増大した利益でより高価な第2列の節エネ製品を購入します。こうして、利益がネズミ算的に増加し、CO_2が削減されるので、地球にも利益をもたらします。これがエコスパイラルの醍醐味です。なお、表3―1のエコ製品は電気製品だけでなく、ガス、水道、ガソリンを節約するものも含んでいます。4列、5列には高額で投資回収期間が長いものが含まれていますが、安価で投資回収期間が短い手法と組み合わせると、全体的に投資回収期間が短縮します。これがエコスパイラルの全体像です。

ただし、表3―1の節エネ製品の性能には大きな開きがありますので、購入時にはインターネット等を活用してできるだけ調査をされるとよいでしょう。

エコスパイラルの強みは色々ありますが、従来、単発的だった節エネ&エコ活動に戦略と計画性を与えます。

そして、電気、ガス、水道等の節エネも目標を定め、重要なものを特に意識しながらシステム的に進めます。

したがって、エコスパイラルにはデータが不可欠です。光熱水費等のデータを作成し、前年度や標準家庭と比較しながらターゲットにする分野を見定め、客観的に改善点を模索し、効率的にエコ資金を投入します。

しかしエコスパイラルは、何事も我慢我慢と忍耐力を強いる方法ではなく、面白い節エネグッズを計画的に導入して購入欲も適度に満足させられます。

計画性、客観性、動機付けは、長期計画にはとても重要です。何ごとも長期的に継続しなければ、大きな実を結ばないからです。

エコスパイラルのさらなる強みとして、家庭で大きな支出になっている食費が削減でき、それがエコ活動の重要な資金源になることがあります。

繰り返しになりますが、節エネの利益で大型テレビや大型自動車を購入したり、海外旅行をすると、総合的には節エネになりません。その代わり、エコで得た利益をエコ資金としてエコ製品の購入に『好循環』し続けると、様々な相乗効果が生まれて真のエコになります。

しかし、こんな地味なエコ活動で高い太陽光発電機が買えるのかな？　とまだ疑わしいかもしれません。すでに長期間エコに取り組んでおられる方には、確かに難しい面もあるでしょうが、発電機購入に向けて少しずつでも資金を増やすことはできますし、エコ初心者の家庭なら可能です。

少々楽観的なシミュレーションをしてみましょう。毎年の光熱水費とガソリン代の合計が40万円という、エコ・節エネ『初心者』の一戸建ての家庭が、最大限に頑張ったケースを考えます。さらに、食費を含めて年間１００万円の出費とします。本書で説明する無料エコ手法で、最初の年に１割前後減らします。すると、翌年始めには10万円ほどのエコ資金が手元に残りますから、表３―１の1、2列目のエコ製品をほぼすべて購入できます。その結果、その年はさらに１割ほど出費が削減できるでしょうから、増えた利益（計20万円）で表３―１の３列目の製品を購入します。20万円あればかなりの製品が揃えられるでしょう。その翌年、３年目始めは3、4列目の製品を30万円で購入します。こうした費用削減をどこまで維持できるかが重要ですが、購入製品を厳選すれば支出の半減を目標として設定できるでしょう。つまり、やがて毎年50万円もの大金がエコ製品の購入に使えるようになるのです。だからこそ、複数年にわたるエコスパイラルで太陽光発電機などを購入することまでできるのです。複数年貯金しなくともエコ資金を自分への支援・補助金として思い切りよく、太陽光発電機や低燃費自動車の購入資金の一部に充てることも可能です。未来のエコ資金から前借りするつもりで、残りの費用も出しましょう。すると、ますますエコ収入が増加します。

以上は、エコスパイラルがとても有効なケースですが、最も苦戦するケースはどのような場合でしょう？ それは、これまで節エネに頑張ってきたマンション居住者でしょう。マンションという集合住宅は壁、天井を上下左右の家と共有するため、節エネ性能が比較的優れているので、さらなる節エネを進めることが一戸建てほど容易ではありません。太陽光発電機や太陽熱給湯器の導入も困難です。おまけにマンションはだいたい都会に立地していますから、交通手段はCO_2排出量の少ない公共交通を使う機会が多いでしょう。しかし、食品のリサイクルなども含めた広角的な活動により、努力すれば光熱水食費全体の数割カット程度は目標として狙えます。

家族でお住まいの方は、全員で団結してエコスパイラルを進めて下さい。そのためには楽しい目標も必要でしょう。たとえば、ご褒美として家族旅行の費用とするのも一考です（ただし、海外より国内の方がCO_2排出量は少ないですし、エコ収入の半額以上のできるだけ多くの費用をエコ製品へ投資することがエコスパイラルの必須ポイントです）。

ひょっとして、まだ信じられませんか？ 現に拙宅では、'08〜'09年の平均光熱水費が約25万円／年でしたが、ここ1年の光熱水費（'10年10月〜'11年9月）は7万3千円／年で、'08〜'09年に比べると17万7千円を節約できました。削減率約7割超です。中でも太陽光発電を導入し、電力会社に余剰電力を高値で買ってもらっていることが大きな要因です。比較的大きな削減には太陽光発電機の導入が重要になります。詳細については後述します。

エコスパイラル技術の重要ポイント：

①節エネやエコで得た利益を『エコ資金』とし、エコ製品を購入する。

②エコ資金は重点分野に優先的に投入する。

③そのため、光熱水費等のデータを常に集計して把握し、前年度や標準家庭と比較する。

2　マイカーでの節エネ：エコドライブの達人へ

次の図は一般家庭からのCO_2の排出量を示しています。電気経由が約4割、そして自動車（ガソリン）経由が約3割もあります。残りは灯油やガスなどですが、それぞれ10％を切っています。水道などは2％弱しかありません。ゴミが3％となっています。

ここで扱うエコスパイラル技術の基礎は、CO_2を削減する節約手法と節約器具の導入でした。それでは、具体的にどんな製品がCO_2を発生しやすいのでしょう？

電気はエアコンや冷蔵庫など多種多様な製品で利用されていますから、一般家庭が所有する製品

家庭からの二酸化炭素排出量　―燃料種別内訳―

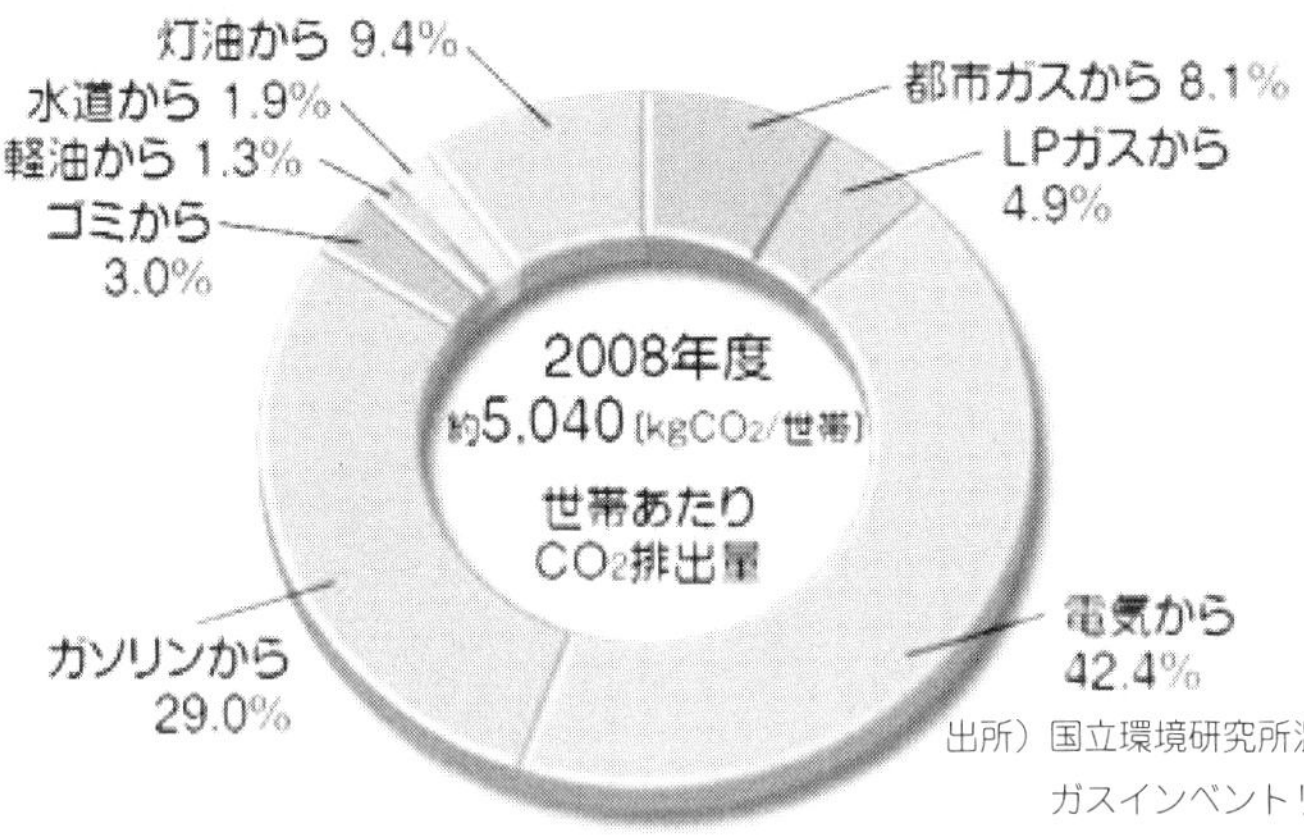

出所）国立環境研究所温室効果ガスインベントリオフィスのデータをもとに作成

でもっとも多くのCO_2を排出するものは自動車です。その自動車の燃料は通常、ガソリンか軽油です。また、支出額で見ても光熱水・車関係費のうち最大にかかるものは車で、以下に電気・ガス・水道料金と続きます。したがって、本書でもその順番で、まず車の燃料消費を効率化するエコドライブ技術を説明します。これで、数割の燃料代が節約できます！　ガソリン代を年間10万円ほど払っている方なら、２～３万円も節約できるはずです（ただし、エコドライブ初心者の場合です）。

　さて、昨今もガソリン価格が再び高騰し、１リットル１５０円前後まで上がりました。そして、エコカーに対する関心が飛躍的に高まっています。中国やインドが経済発展する中、今後は資源争奪戦が激しくなり、石油の価格もますます上昇するでしょう。やがては1リットル２００円を突破し、３００円に迫ることもあり得ます。石油価格の上昇は石油の消費を抑えるきっかけになりますから、地球温暖化防止の観点からはよい兆候かもしれませんが、個人的にできる対策はないでしょうか？

実は、車を買い替えなくても、今の車の燃費をエコドライブで、簡単に1割以上、頑張れば2割以上も改善できます。

そもそも家庭から排出されるCO_2の28・7％、3割弱が自動車のガソリンからです。軽油から排出されるものは1・4％ですから、両者合わせて3割が自動車です。その1割といえば、決して侮れる量ではありません。家計にもしっかり影響してきます。さて、自動車の節エネの最たるものは、無論、「なるべく自動車に乗らない」ことです。「自動車を所有しない」のはもっとすごい節エネです。これは、カーシェアリングの普及と共に、都会ではますます重要視されつつある選択肢です。ガソリン代はもちろん、自動車税や保険代、車検費用等、大幅に節約できます。著者の場合、自動車関連の出費は本体価格以外で平均すると、毎年およそ15万円です。しかし、著者が住んでいるような公共交通機関が発達していない地方では、一家に2、3台車があることは珍しくありません。その場合、近場では自転車を使うなどして、なるべく自動車の利用を減らすことが大切です。著者も通勤にはなるべく自転車に乗るようにしていますが、自然をより身近に感じ、自動車通勤の際には気づかなかった色々な発見を楽しめるようになりました。もちろん健康的ですし、排気ガスが減るので、地球への負担も減らせます。

エコドライブの説明に入る前に、車がいつどれだけガソリンを消費するかをチェックしましょう。

典型的な車のガソリン消費は、発進時が34%、走行時が43%、減速時7%で、停止中のアイドリングが16%だそうです。

◇アイドリング・ストップ（最大16%、通常7～8%の節エネ）

もっとも効率的なエコドライブ技術は、アイドリングストップでしょう。信号で停止したとき、5秒程度でもエンジンを停止すると、ガソリンが節約できます。省エネルギーセンターの実験では、アイドリングストップを習慣化した場合、燃費が7パーセントも改善しました。これだけでもほぼ1割ですね。

赤信号で停止したときにアイドリングストップすると室内が静かになり、周囲の音がよく聞こえます。音がよく聞こえると周囲の景色も楽しめます。こんなところにこんな店がという発見もままありますから楽しいです。

冬の朝、出庫前に暖機のためかアイドリングをしている車をよく見かけます。暖房しているのかもしれませんが、もし、暖機（エンジンを始動した後、停車したままアイドリング程度の回転数を維持し、エンジン各部が適度な温度に達するまで待つこと）のためでしたら、最近の車には走行前の暖機は不要です。２０００ｃｃの車なら10分間のアイドリングでガソリンを１３０ｃｃ、ひと月なら4リットルのガソリンを消費し、暖房しながらのアイドリングではその倍です。運転前の暖房も地球と子孫のためにはなるべく控えた方がよいのではないでしょうか。

ただし、坂道ではアイドリングストップをしない方が無難です。坂道発進が難しくなるからです。

◇なるべくカーエアコンを使わない（最大30%、通常8%の節エネ）

エアコンを使うと、バッテリーの電気とガソリンをかなり消費します。もちろん車種や車内外の温度差にもよりますが、冷暖房時の車は通常20～30%ほど余計に消費します。これは大きな数字ですね！　アイドリングよりも大きな消費になります。エアコンの利用はなるべく控え、使うときの設定温度を夏は高めに、冬は低めにしましょう。ＥＣＯモードを使うのも一考です。1年の半分にあたる夏と冬に常に冷暖房を使う人は、20～30%の半分程度、つまり年に10～15%余計にガソリンを使うことになります。冷暖房を使う時間を半減させるだけで、5～8%の節エネになります。

◇窓を開け過ぎない

だからと言って、かつての著者のように、猛暑の夏にエアコンを使わず、四つの窓を全開にして走る行為はやはり駄目です。窓を開けると空気抵抗が増加し、燃費が悪化するからです。窓を半分以上開けると空気抵抗がかなり増えます。窓を開けるときは、開けたスペースが窓面積の半分以下になるよう注意します。しかし、夏にあまり我慢をすると熱中症になりかねませんし、注意力も散漫になって事故につながりかねませんから、決して無理はしないで下さい。

◇やむなくエアコンを使うなら

エアコンを使うとき、有効な対策があります。

まず夏なら、乗車前に2つ以上のドアを大きく開いて車内の空気を入れ替えます。これで車内の気温が大きく下がりますから、エアコンの効きめが格段によくなります。次にエアコンをオンにすると共に、車内の空気を『外気導入』ではなく『車内循環』させましょう。これで、外の熱風を車内に導入することなく、冷えた空気を循環させて効率的に涼しさを得られます。

もちろん、冬の暖房時も同様に外気導入は避けましょう。すると、エアコンの効率が大きく改善するはずです。

先述したアイドリングストップは、エアコン利用時にはバッテリー切れを招く可能性がありますので注意しましょう。エアコンを使っていなければ、アイドリングストップを控える必要はありません。だから、なおさらエアコンの利用は控えた方がいいわけです。

◇急加速・急減速を避けふんわりそよ風のような運転を

交差点で信号が赤から青に変わるとき、著者は誰にも負けないほどの早いスタートを切ります。私が早くスタートを切ると隣の車は悔しいのか、急加速しがちです。しかし、私は慌てず騒がず、『ふんわり』アクセルペダルを踏んで、ゆぅ~っくりトロトロ加速します。さきほどのデータによると、発進時のガソリン消費は34%で、走行中の43%とあまり変わりません。停止信号が変わり次第、急発進したり、急停車したりすると無駄な力をエンジンに要求しますので、余計にガソリンを使います。『ふんわり』アクセルとは、エキスパートの言葉を借りると、「アクセルと足の間に挟まれた生卵が割れない」程度だそうです！　具体的な数値を挙げると、エンジンの回転数が2000回転／分（rpm）以下になるようにします。それ以上は、急発進になります。とは言え、前後の交通の流れを妨げないように注意して下さい。自分はよくても、周りの車が迷惑しているかもしれません。自分はめでたくエコになっても、周囲がこれまで以上のCO_2を放出していれば、総合的にはマイナスですから、残念無念、地球や子孫の利益にはなりません。実は2000rpmは恐ろしいほどゆっくりした加速です。後続車がいない場合はそれでいいですが、いる場合は後続車を刺激すること必須なほどの低加速です。著者は、後続車がいる場合は3000rpm程度で加速しています。とにかくにも、短気は損気です。そよ風のようにできるだけゆっくり加速・減速して爽やかに燃費を稼ぎましょう！

◇高速ではやみくもに飛ばさずに落ち着いて

車の燃料をできるだけ消費しないためには、もっとも燃費の良い速度（通常60～80km／時）で安定的に走行することです。飛ばし過ぎると燃費が悪くなります。ちなみに一般的な車で、時速80kmで高速走行したときの燃費と比較すると、時速100kmでは燃費が25％ダウン、時速120kmではなんと60％もダウンします。後者の場合、燃費が半分以下になってしまいます。

この情報、本当かなと思った著者が、自分の軽自動車で高速道路で試したところ、時速80㎞で22～23㎞の燃費が、時速100㎞では15～16㎞に、そして時速120㎞では何と10～11㎞まで下がり、情報どおりでした。

例えば、著者が東京から宇都宮までの137㎞を高速道路を利用して走れば高速料金は3450円かかります。全路線を時速80㎞、100㎞、120㎞の各速度で走行した場合、ガソリン代をリッター140円とすると、燃料代としてそれぞれ852円、1237円、1826円かかります。時速80㎞と120㎞とでは約1000円も異なりますから馬鹿になりません。時速120㎞の場合の所要時間は1時間8分30秒ですが、80㎞だと1時間42分45秒ですから、約30分の違いです。私の場合、安全速度で運転して30分遅く到着し、1000円得し、しかもCO_2の排出を減らして地球に貢献する方を選びます。

免許更新の講習会でスピード違反の恐ろしさを教えるとき、これらの数値も説明すべきですね！それを知った後は120㎞も出せなくなりますから。新幹線の料金が普通料金のほぼ2倍であることもうなづけます。在来線の2倍以上の高速で走る新幹線は2倍以上の電力を消費するはずですから。高速道路で時速80㎞ですと、交通の流れを妨げがちかもしれませんが、だいたい時速80～100㎞が適正速度と言えるでしょう。

走行中は急加速や急減速を避けましょう。急減速を避ければ、次の加速も小幅なもので済みます。クルーズコントロールが装備されている車なら、その機能を積極的に利用しましょう。

高速道路でもっとも燃費を気にする人は、長距離トラックの運転手さんたちでしょう。彼らの多くは時速80㎞で走っています。流石ですね。私は高速道路でときどき退屈しのぎに、トラックの後方を走り、トラックにクルーズコントロールしてもらいます。すると、空気抵抗が減り、燃費がさらに1割程度上昇するのです。

◇赤信号が見えたら

道路の前方に赤信号が見えるときは、それ以上加速しないように気をつけましょう。むしろアクセルから足を放すべきです。50㎞台で走っていれば、数百メートル程度なら、アクセルを踏まなくても車は惰性で走ります。著者の妻などがそうですが、よく、赤信号の手前まで加速し続けたあげく、ブレーキを踏んで急停車する車がいて、それらは無駄なガソリンを使っています。

◇タイヤの空気圧を季節ごとにチェック

タイヤの空気圧が適正値から外れていると、やはり燃費が悪化します。ゴア元米国副大統領の著書「不都合な真実」には、毎週空気圧をチェックすると、燃費が3％改善するとあります（米国の新聞　USA Today によると4～10％！）。これは大きいですね。毎週が無理なら毎月、毎月が無理ならせめて季節の変わり目には空気圧をチェックしましょう。秋から冬にかけてがとくに要注意です。気温の下降につれて、タイヤ内の空気の体積が収縮するため空気圧が低下しがちですから。

通常の空気圧より5～10パーセント高めにすると燃費が改善されると言われていますが、まあ、6～7パーセント程度が無難なところでしょう。

◇タイヤの空気圧を季節ごとにチェック2：家庭用エアーコンプレッサー

毎週ガソリンスタンドに行く方は少ないでしょう。自宅でタイヤ空気圧のチェックとエアー供給ができれば便利ですね。そんな方には家庭用エアーコンプレッサーが2千円くらいから売られています。電源は車のシガーソケットを利用します。この投資回収期間を見積もりましょう。1年に1万キロ運転される方の場合、燃費がリッター15キロとすると、ガソリン消費量は年に667リットルです。ガソリン価格がリッター当たり140円として、年間ガソリン代は93380円にもなります。この3％、2800円を節約できます。1万円の高級コンプレッサーを買ったとしても、3年半で投資回収可能です。

◇エコタイヤ（低燃費タイヤ）

『エコタイヤ』をご存知ですか？　燃費を向上させるタイヤで、各タイヤメーカーが販売しています。通常のタイヤに比べると路面との摩擦が小さいため燃費を5％程度も向上させます。タイヤ価格は少し高いですが、ガソリン代の節約で補えるようです。次回、タイヤを交換するときは、今お使いのタイヤの価格に比べて105パーセント未満の価格であれば、エコタイヤを履いた方が節約できます。ただ、適正な空気圧でないと、燃費は改善しませんからご注意を。

長距離走行する方にとっては特に、お得です。そして、いま以上にガソリン価格が上がれば、より多くの利益が出ます。経済的なメリットは少なくても、地球さんのためにお金を使いたいという方もぜひご利用を！

◇定期点検を受ける

あなたの大切な人にはいつまでも健康であって欲しいものですよね？　すると、その人にはしっかり定期健診を受けてほしいと思いませんか？　車もあなたの大切なパートナーですから、6か月ごとの定期点検は受けるようにした方がよいでしょう。

かく言う著者は、無駄な出費や手間になるように感じ、できるだけ点検を避けてきましたが、こうしてエコドライブ技術を深めるにつれ、遅まきながら定期点検の重要性が分かってきました。エンジンオイルやエンジンフィルターを適度に交換すると、燃費の改善にもつながるからです。もちろん、タイヤの空気圧も5～10％高めの設定にしてもらいましょう。定期点検を受けることで、大事な愛車により長く乗れることにもなりますし、手放すときにも高く売れるでしょう。

◇車内は軽く

たとえば、雪道用のタイヤチェーンのような重いものを車に積んだままにしていませんか？　これも燃費の悪化の原因です。普段、使わない荷物は降ろすようにしましょう。車の重量が小型車・軽自動車並みの千キロ程度なら、10キロの荷物を降ろすと、およそ1パーセントのガソリンの節約になります。毎年のガソリン代が十万円の方なら、千円の節約になります。運転者自身が10キロダイエットしても同じ効果が期待できますから、ダイエットの動機づけにもなるかもしれません。

ガソリンも満タンにすると重くなります。ガソリンの比重は0・75なので、40リットル給油すると30kgにもなります。満タンになるまで40リットル給油し、ガソリン平均重量が30kgになる場合と、常に20リットルだけ給油し、平均重量が15kgの場合では年に750円程度の差になります。しかし、これは通常利用しているガソリンスタンドが通勤や通学途中にある場合に限ります。スタンドが通勤通学路から離れていて、わざわざガソリンを使ってスタンドまで遠回りしなければならない状況では、満タンにした方がよいでしょう。

できるだけ燃費のよい車に乗ると、ガソリンスタンドまで行く回数が減りますから、ますます低燃費になるわけです。低燃費の『好循環』です。

さて、これは節エネとはあまり関係ありませんが、ガソリンはなるべく気温が低いときに入れた方がよいという説もあります。ガソリンの体積膨張率は気温1度あたり0・00135ですから、温度が5℃違えば体積が0・7パーセント異なります。ガソリン代が年に十万円の場合、朝方の気温が低いときに給油すると、年に700円程度の節約になる可能性があります。しかし、ガソリンは地下タンクに収納されていますから、気温差にはそれほど敏感ではないかもしれません。

◇用事はまとめて

買い物や銀行や郵便局に行くたびに車に乗っていては、やはりガソリンも余計に浪費します。一度、車に乗ったなら、それらの用事を「最短ルート」でまとめて済ませるようにして、ナビがあれば活用しましょう。道に迷うとガソリンと時間の浪費になるからです。

また、ルートは、交差点での右折を避けるように選びましょう。右折には時間がかかるのでガソリンも浪費しがちです。それから、渋滞を避けることももちろんです。事前に慎重に外出プランを練りましょう。頭の体操やボケ防止にもなります！

◇燃費記録をつける

節エネのコツは記録を付けて、毎月、毎年のデータを比較することです。著者のような怠けものは記録を付けるのがなかなか苦手なのですが、ガソリンの場合、最近は給油後にスタンドから直接、携帯サイトで記録できるようになっています。

カーライフナビe燃費　http://response.jp/e-nenpi/

がそれです。このサイトでは各スタンドのガソリン価格まで教えてくれますから、安いスタンドを簡単に捜せます。加えて、各種自動車の燃費一覧まで見ることができます。それによると、1位がホンダインサイト（1000cc）、2位はトヨタレクサス（1800cc）、3位がトヨタプリウス（1500～1800cc）、4位はスズキツイン（660cc）、と意外な展開（？）になっています。節エネの第2のコツは、自分のデータを他人や標準家庭と比較することですから、それにも活用できます。

◇人と比べてみよう

自分のエコドライブがどのレベルかを確認しておくことも大切です。インターネットで、同じ車に乗っているオーナーたちの燃費報告を調べて自身のデータと比較してみましょう。例えばキーワード、「燃費」と「ランキング」で検索すると車種毎の燃費ランキングを示してくれるサイトが見つかります。

◇燃費のよい自動車を選ぶ

いくらドライブテクニックに熟達していても、もともと車の燃費が悪ければCO_2の排出量はそれほど抑えられません。最近流行りのハイブリッドカーもいいですが、軽自動車も捨てがたいですね。元来、軽自動車は少量の資源で作られています。節エネに加えて省資源なのです。

軽自動車は省コストできる節約ツールでもあります。著者も20年以上乗った小型四輪駆動車から軽の四輪駆動車に買い替えたばかりですが、自動車重量税など年に4万5千円から7200円に激減しましたのですごく喜んでいます。燃費もかつてのリッターあたり14kmから21.5km（それぞれ

10・15モード）まで改善しましたので、ガソリン代も減りました。つまり、自家用車をちょっと小型化することで、排気ガスはもちろん、取得費用、税金、ガソリン代まで減ったのですが、さらに自転車と併用することでガソリン代は半分以下にまで下がりました。おまけに、自転車は適度な運動になって健康にもよいのですから、まさに「地球にやさしいことは人にもやさしい」です。

また、最近の小型車は車内スペースが広いものが多く、私の車には大人用自転車も大量の薪も積みこめ、さらに四輪駆動ですから山道走行も快適です。車のパワーは確かに落ちましたが。そこは前述のエコドライブで乗り切るよう工夫しています。

余談タイム：ハイブリッドカーは本当にエコ？

ハイブリッドカーが盛んに売れています。売れ行きトップのトヨタプリウスなら公称燃費が36㎞ですから、売れるはずですよね。こんなに燃費のよい車に対して、「本当にエコか？」なんて愚問でしょうか？

極端な話、ハイブリッドカーでも、鉄板やプラスチック、そして電池の製造時には大量のCO_2が発生していますから、どれだけ燃費が良くても製造時のCO_2排気量を相殺するには少々時間がかかるのです。これを『CO_2回収時間』と呼びます。具体的には、プリウスの場合でも、2万㎞走らないと、製造時のCO_2を回収できません。それには通常、数年かかるでしょう（太陽光発電機と同程度です）。極端な話、プリウスに乗り始めて1年後に廃車にすると、いかにプリウスでも

CO_2を削減できないのです。

そしてハイブリッドカーに使われる蓄電池はリサイクルするのに非常に手間とコストがかかる代物です。

さらに、コスト面では、ハイブリッドカーで本当に節約できるのでしょうか?

価格が150万円で実際の燃費がリッター20kmの車と価格が250万円でリッター30kmのハイブリッド車を比べてみましょう。年間1万km走る場合、リッター20kmですと500リットル必要で、リッター30kmですと333リットル使います。ガソリン価格をリッター140円としますと、差額は23380円です。両者の車両価格の差は100万円ですから、これを埋め合わせるには42・8年もかかります。経済的には一般的な小型車との差は埋められませんが、ハイブリッド車の方がCO_2を出しませんから、エコとは言えるでしょう。

ぜひ大切に乗って下さい。

3　節電スパイラル

国内の消費電力のうち、家庭で消費されるのは3割弱ですが、ここしばらくで消費量が伸びたのは家庭だけです。具体的には1970年の毎月120kWh（kWhは電力量の単位でキロワット時と読みます）から最近の毎月300kWhまでで3倍弱伸びています。というのも、会社や工場

表3-2　契約アンペアによって変わる基本料金

契約アンペア(A)	10	15	20	30	40	50	60
基本料金(円／月)税込	273	409.5	546	819	1092	1,365	1638

では必死に節エネに励んできたものの、家庭では、エアコンやテレビの大型化、パソコンやゲーム機の導入のため電力消費量が増える一方だからです。

現在のように、深刻な電力不足の状況下では真剣に節電の方法を考え、エコスパイラルを実行しなければなりませんね。

(1) 全体的な節電作戦

◇まずは基礎を押さえよう：契約電流の見直し

皆さんが電力会社と相談して決める『契約電流（アンペア）』は60アンペアから10アンペアずつ下がります。アンペアとは電流の単位です。契約電流を超える電流が流れるとブレーカーが落ちて停電します。同時にたくさんの電気器具を使うと使用電流が増え、契約電流に近づきます。例えば、ＩＨ調理器だと20～30アンペアも使います。電子レンジも大食らいで15アンペア必要です。エアコンは6～10アンペア。東京電力の古いキャラクターのデンコちゃんではないですが、電気の使い過ぎには気をつけましょう！

契約電流に従い毎月の基本料金も、上の表のように、約３００円弱ずつ下がります。年間にすると、３５００円ほども違いますから、契約電流はできるだけ下げた方がよいのです。これが節電の第1歩です。なんせ、電気を使いすぎるとブレーカーが落ちて停電するのですから、意識を向けざるをえません。その結果、節電不足を思い知らされます。節電の必要性が叫ばれている今、契約電流の見直しを利用しない手はありません。

しかし、電力会社としては収入に響きますから、利用者には契約電流に無関心でいてほしいのです。そして、なるべく多めの契約電流を選んでもらいたいのです。

私が2007年9月に新居に移ったとき、訪ねてきた電力会社の係員は60アンペアを勧めました。なぜか我が妻も係員の肩をもち、60アンペアに賛成しました。引っ越し前は大学の宿舎に住んでいて、30アンペアだったのに、です。

現在の我が家はログハウスで、消防署からは燃えやすい家屋と「誤解」され、ガスコンロは使えません。使うためには、台所を燃えにくい構造に改修しなければならず、負担が大きいのです。そこで仕方なく、IH電磁調理器を利用しています。ガスに比べてIHは無駄な火力がなく、台所が暑くならないので暑がりの妻は喜んでいます。しかし、IHは大電力を使うのです。そのためもあり、電力会社は60アンペアを勧めました。私は30アンペアを逆提案しました。電力会社はとんでもない、無理だといいます。妻も電力会社に味方します。多勢に無勢、熾烈な交渉の末、結局50アンペアで涙を飲みました。一応、様子見です。ところが、1年過ぎてもまったく問題なかったので40アンペアに変更しました。以来、全然異常なし。ですから、ごく最近、思い切って30アンペアに設定してもらいました。エアコンはないものの、IHや電子レンジは使っている家庭で本当に30アンペアまで下げて大丈夫なのか、身を呈した実験がいよいよ始まりました。

しかし、異常が起き、たとえブレーカーが落ちたとしても、電気器具のスイッチを調整して、再びブレーカーを上げればいいだけです。けれども、昨今の猛暑に懲りた妻は、来年はエアコンを買うのだと張り切っていますから、夏は問題かもしれません。エアコンを入れ、ＩＨも使うとなると、かなりの電流が必要でしょう。30アンペアでは足りないかもしれませんが、ＩＨを使うときは前もって冷房しておき、料理中はエアコンを切り、扇風機に切り替えればいいのです。

電力会社の勧めに乗らなかったおかげで、毎年の電気料金が40アンペアで６６００円ほど節約でき、さらに、30アンペアまで落としたので、１万円も節約できています。

契約電力の削減は、どちらかというと「節約」テクニックですが、契約電流値を超えた段階でブレーカーが落ちるので電気の使いすぎに注意しますから、広い意味では節電テクニックにもなっています。

◇使えば使うほど損な電気料金

普通のものは大量に使えば使うほど単価が安めに料金設定されます。

しかし、電気料金は曲者ですから気をつけましょう。例えば、東京電力の毎月の電気料金は、電力を使えば使うほど単価が高くなります。

毎月受け取る電気料金の請求書「電気ご使用量のお知らせ」には「請求予定金額」の下方に、「上記料金内訳」という欄があります。電気料金の内訳ですが、通常の電気料金は、先述した契約電流によって異なる「基本料金」と「1段料金」、「2段料金」、「3段料金」の合計額になっています。

消費電力量が120kWh以下でしたら、1kWあたり19円16銭の第1段料金で済みますが、それを超えた分には、1kWあたり25円71銭の第2段階料金が課金されます。さらに、消費電力量が300kWhを超えると1kWあたり29円57銭の大幅値上げされた第3段階料金が課せられます。

使えば使うほど単価が上がりますが、実は、この料金システムの狙いは節エネなのです。第2段階の上限300kWhは、一般家庭の消費電力を想定しているそうです。それを超えて電力を使うと、罰として（？）割高料金を課金されます。ですから、逆をいうと、節エネすればするほど得な料金制度になっています。節エネに励まない手はないですね？（後述しますが、水道料金はこの傾向が、もっと極端です）

◇具体的な節電目標は？

目標としては、月々の消費電力量を300kWh未満に抑えたいものです。

我が家（2人家族＋猫1匹）では、薪ストーブを使わなかった頃は、消費電力量が最大になる冬季（12～2月）に月々500～600kWh使っていましたが、薪ストーブを導入すると、それが月々400～500kWhに減りました。さらに、太陽光発電機の導入後は月々120～320kWhになりました。現在、1月以外では月々120～280kWhですから、目標達成までは1月にあとひと踏ん張りというところです。

◇省エネナビ

ここで、消費電力を『見える化』してくれる省エネナビを紹介しましょう。省エネナビの価格は3万円以上しますが、使い方次第では比較的短期間に元が取れる重要な製品です。ガスや水道の使用量もモニターできる優れ物もあります。基本的には、毎日の使用電力量、電気料金、CO_2排出量などをリアルタイムで知らせてくれる便利ツールです。各月や各日の目標値を決めて、それに近づくとブザーが鳴るように設定できますから、節約意識が高まります。消費電力を100で割れば、電流値が判明しますから、契約電流の変更時にも便利です。これで契約電流を下げて、年に5000円ほど電力料金が下げられれば、投資回収期間は6年程度になり、節エネするともっと短くなります。省エネルギーセンターの調査によりますと、省エネナビを導入した家庭では、平均して電力使用量が2割も減少しています。年間の電気料金が10万円の家庭で2割削減できれば、2万円ですから、投資回収期間はわずか1年半です。

◇深夜のお宅への侵入者

別の統計も参考にしましょう。その前に質問です。

夜、あなたが寝ているときでも電力計は回り、あなたの財布から電気料金を奪います。それも年間1万円ほども！　なぜでしょう？　その犯人は『待機電力』です。代表的なものはテレビやエアコン、ビデオデッキなどです。リモコンからくる信号を今か今かと待ち構えているのです。待機電力を浪費する犯人を捕まえることは割と簡単です。夜に照明を消して、室内を見渡せばいいのです。この本を夜に読んでおられる場合、すぐに消灯してみて下さい。節エネホタル狩りです！　ホタルを何匹発見できました？

リモコンがないものでも、タイマー、時計、メモリーなどの機能がある家電製品は、ランプや表示板が光っているので分かります。それらも待機電力を消費しています。CD、DVDプレーヤー、ステレオ、電子レンジなどです。

（財）省エネルギーセンター「平成20年度待機時消費電力調査報告書」によると、それらは合計で6％もの電力を消費します。6％とは無視できない量です。この数値はあくまで平均値で、古めの電気製品が多いお宅ではこれが10％、またはそれ以上になっているでしょう。というのも、待機電力はここのところ、目覚ましく削減されてきているからです。

待機電力6％の内訳を見てみましょう。

表3―3によると、ガス給湯器の待機電力が家では最大です。著者も入浴後にときどき消し忘れて妻にしかられていますが、お互い気をつけたいものです。

さて、どうすれば待機電力を削減できるのでしょう？

表3-3　待機電力の種類

順位	製品	順位	製品
1	ガス給湯器	6	ビデオデッキ
2	エアコン	7	パソコン
3	電話機	8	石油温水機器
4	HDD/DVD レコーダー プレーヤー	9	テレビ
5	温水洗浄便座	１０	一体型オーディオ

まず、可能なものは省エネモードに切り替えます。これで約８％（年間５１０円）節約できます。次に、使わないときは電源スイッチを切るようにします。すると約23％（１４８０円）も節約可能です。最後に、コンセントからプラグを抜いても問題が生じないテレビや洗濯機などは、プラグを抜くようにしましょう。その結果、約40％（２５７０円）も節約できるのです。節約額が合計71％（４５６０円）になりました！

電気製品の主電源を切り、プラグを抜きまくると、平均して年間３３００円の節約になります。

◇節電（安全）タップ

コンセントからプラグを抜くのが面倒なときは、「節電タップ」を利用します。これは「スイッチ付きテーブルタップ」とも呼ばれる製品で、コンセントが5個前後付いていて、各コンセントにオンオフスイッチが付いており、全装置の電源をスイッチだけでオンオフできる便利な仕組みになっています。家電量販店はもちろん、スーパーやホームセンターでも手に入ります。コンセントに直接差し込むタイプの変わりだねもあります。また、消費電力を示すメーター付きのものまであります。

これで、全体的な節電のためにできることの紹介は終わりました。次はいよいよ、個別の製品に関する節エネですが、どの家電がもっとも重要なのでしょう？　まず、各家電製品の消費電力のランキングを見てみましょう。日本の平均的な家庭における電力消費の内訳は次の表のとおりです。

表3-4　家庭での製品別電力消費量

エアコン	24.9%
照明	16.2%
冷蔵庫	15.5%
テレビ	10.0%
電気カーペット	4.4%
温水洗浄便座	4.1%
衣類乾燥機	2.9%
食洗機	1.7%
その他	20.3%

いかがでしょう？　これを見て、どんな感想をお持ちでしょうか？

まず、1～4位のエアコン、照明、冷蔵庫、テレビだけで全消費電力の3分の2を占めています。小物と思っていた、電気カーペットや温水洗浄便座も無視できない電力を使っています。これらを重点分野として、節電にあたればよいわけです。

(2) 冷暖房関係の節エネ

では、重点分野に切り込みましょう。

高温多湿の日本の夏は、欧米人にとっては脅威です。私の知る在日ヨーロッパ人も、できるだけ夏は日本から出て、ヨーロッパで過ごすように工夫するほどです。そんな夏には、エアコンからの冷風はありがたいですね。

しかし、エアコンをなるべく使わないことが夏の節エネの基本です。そこで、夏の節エネ冷房テクニックをお知らせします。

まず、エアコンの代わりに扇風機（できればサーキュレーター）を使いましょう。扇風機やサーキュレーターは冬にも重宝します。冬は扇風機を斜め上向きにして、室内の暖気を循環させるようにします。

さて、猛暑のエネルギー源は日光です。日光の侵入をできるだけ遮断するように工夫しましょう。日光は1平方メートル当たり1kw程度の熱を発生させます。これは電気カーペット並みの大きな熱量です。以下のような工夫がお勧めです。

◇窓のカーテン

日中、日差しが入る窓のカーテンを閉じましょう。部屋に誰もいなくても閉じましょう。カーテンを開けているとどんどん大量の熱エネルギーが入ります。明るさは減りますが、照明のエネルギーよりも冷房のエネルギーの方がはるかに大きいのです。会社では、帰宅時に東から南向きの窓のカーテンやブラインドを締めましょう。さもないと朝方、日光が始業前の室内に差し込んで気温が上昇するからです。東京で夏至前後の日の出時刻をご存知ですか？　なんと午前4時25分です。それから出社時刻の9時まで、延々と朝日が差し込み続けると室内に大量の熱が蓄積されてしまいます。自宅のカーテンは、床までつくような大きめのものにすると断熱性が高まります。

◇断熱・遮光カーテン&フィルム

断熱・遮光カーテンというものがホームセンターや通販で手に入ります。アルミ箔などが利用されており、日光を反射し、外からの熱を屋内に入れないようにできています。したがって、夏場は室内に熱気がこもりにくくなります。冬場は暖かい日光が室内に入りにくくなるものの、室内の暖気は外に逃げにくくなります。

弱点は、カーテンレール等にとりつけるので、日光がそこで反射しても、一部は室内に取り残されるところです。

似た原理のものに断熱・遮光フィルムというものがありますが、窓ガラスで日光を反射しますから有利です。本格的なものは性能はよいのですが、価格がちょっと高めです。節約でお金が貯まったら購入してエコスパイラルして下さい。後述しますように、とても安価な断熱シートも、１００円ショップで販売されています。

◇自動車用日光反射板（サンシールド）

著者がホームセンターで捜した中で最も使えそうなものの一つは、自動車のフロントガラス用反射板（サンシールド）です。大型車用のものは、家庭の南向き窓にも使えます。これなら吸盤で窓に密着させられますから、家の内部に日光が入ることなく反射できます。表面は銀色なので、見かけも悪くありません。価格も数百円とお手頃です。

１００円ショップに行くと、アルミホイルのように銀色で窓に簡単に貼れる窓用断熱シートも売られています（サイズ90㎝×45㎝、税込２１０円）。

妻にはあまり好評ではありませんし、自動車用サンシールドより少しだけ面倒ですが、安いですし、見栄えが気にならないかたはどうぞ。

◇日よけサンシェード&オーニングテント

よしずの代用になりそうな、丈夫な布製でおしゃれな屋外サンシェード（日よけスクリーンとも呼ばれます）が通販などで売られています。価格は4千円くらいからあります。夏季の熱は壁を通して内部にも浸透しますから、窓面だけでなく南向きの壁をカバーすると、外部からの熱をかなりカットできます。類似品として、大型の『アルミすだれ』や『防暑暗幕シート』（価格は2千円から1万円前後まで）、そして風通しが良い『高機能サンシェード』があります。価格は5千円から1万円前後です。

また、自宅でオープンカフェが楽しめそうなほどおしゃれな『オーニングテント』もあります。オーニングテントの価格は1万円前後からです。

コストが気になる方には、家庭・園芸用の『遮光ネット』がお手軽です。価格は千円くらいからです。これなら家のかなり広範な部分を遮光できそうです。さらに、断熱ミラーレース製の風通しの良いシェードまであります（価格3千円～）。これらの製品は、エアコンに弱い方には、特に強い味方になりそうですね。

◇お手製断熱・遮光シールド

手軽に断熱グッズを作ることができます。これは段ボール紙のリサイクルにもなりますから、一挙両得です。作り方は、窓の大きさに合わせて、段ボール箱を切り取ります。一般に窓の方が大きいですから、複数の段ボール箱を使うことになるでしょう。そして、段ボール紙の一面にセロハンテープを用いてアルミホイルを貼り付けます。これで断熱・遮光シールドのできあがり。これを南向きの窓に立てかけると、日光が室内に入るか入らないかの位置で反射されますから効率的に断熱できます。または、直接窓にアルミホイルや新聞紙をテープ止めしてもよいでしょう。安くできるので、コストパフォーマンスは卓越しています。

◇よしず&すだれ：情緒と伝統

南向きの窓の外によしずやすだれを掛けます。これらは自然素材ですから比較的容易にリサイクル可能です。例えば家庭菜園に敷いて、雑草対策としても使えます。これらは日光が室内に入る前に撃退しますから、効率的にも優れています。

◇情緒があって涼しい緑のカーテン：夏の風物詩

つる性植物を利用した緑のカーテンは、周辺温度を10度も下げてくれます。植物の気化熱の効果は絶大です。したがって、室内でもかなりの電力を節約できます。おまけに、とても風情があるし美しいので、家族も喜びます。アサガオなどの花を植えてもいいですね。代表的なつる性植物はゴーヤでしょう。ヘチマやヒョウタンを植えることもできます。他にも、キュウリ、フウセンカズラ、ツルインゲン、ツルムラサキ等が植えられます。果物もブドウやパッションフルーツなどが可能です。

マンション住まいでも鉢植えにできますから、緑のカーテンは楽しめます。

ツルインゲンなどは成長が早くてどんどん収穫できるというし、しかも、たんぱく質と繊維質が豊富な健康食材ということですから素晴らしいですね。著者も近々チャレンジしたいと思っています。

私は毎夏、鉢植えでゴーヤカーテンを作っているものの、あまりうまくいきません。どうやらコツは深い鉢を使い、水と追肥を充分与えることのようです。当たり前ですが、著者のように、ほぼ植えっ放しというのはよくありません（汗）。土寄せもそこそこ必要です。鉢植えよりも、できれば地面に直植えすると、育ちが格段によくなるため植えっ放しでも大丈夫です。しかし、水は充分にあげて下さい。

ゴーヤカーテンに加えて、昨夏から居間の南向きの窓をブドウ棚で遮光するようにしています。（写真参照）すでにブドウがすごい速さで伸びてきて棚を覆い尽くしましたから成果（盛夏）が楽しみです。ブドウは我が家のように痩せた土地にも強く、ゆたかな実りを与えてくれます。一昨年からたくさん実り始めましたが、無肥料・無農薬と世話をしていないにも関わらず、味もよく食べきれないほど収穫できています。

◇ベッドにござやジェルマット

ベッドにござを敷き、冷んやり感を楽しみましょう。ござは汗も吸い取ってくれますから、熱帯夜にはもってこいです。ござはセンスがいまいちと思われる方には、『クールシーツ』（価格2千円〜）や『ジェルマット』（価格3千円〜）などの涼しげな製品もあります。これで冷房代がかなり節約できることでしょう。

（3）エアコンの節エネ

さて、いよいよエアコンです。エアコンは家庭で最大の電気の大食漢です。通常は、電力消費量がピークになるのは夏と冬でしょう。しかし、エアコンのない拙宅では、電力消費量が最低になるのは暑い夏の盛りです。それだけエアコンの消費電力は巨大です。

家庭での年間電気代が10万円なら2万5千円ほどはエアコンに投入しています。製品の価格も高いですが、暑い日本の夏には本当に便利ですよね。

エアコンが、家庭内の電力の4分の1という最大電力を消費する秘密は高機能です。最近のエアコンの高機能化はすさまじく、まるでロボットのようです。だから、高価格になるかと言うとそうでもありません。メーカーは競争のため泣きながら低価格に設定しているのでしょう。

◇除湿モードで

エアコンを使うときには、まず除湿モードにトライしましょう。

最近は除湿にも2種類あります。単なる『除湿』と『再熱除湿』です。取り扱い説明書を見て確かめて下さい。前者では除湿する際に空気の熱が奪われ、若干気温が下がります。後者では気温を下げないように空気を再加熱します。そのため、前者より電気代が高くなります。しかし、冷え症の女性にとっては冷気は辛いでしょうから、どうぞ無理されませんように。

◇除湿だけでは暑いとき

除湿しても暑いときには、扇風機を同時に使います。典型的な扇風機の消費電力は30〜40ワットですから、３００〜４００ワットのエアコンに比べると微々たるものです。暑いときは扇風機を積極利用しない手はありません。扇風機の風により、体感温度が低下し、さらに室内の空気が循環するため、除湿後の冷気が部屋の隅々まで運ばれます。これで夏は乗り切れるでしょう。

しかし、冷温感には個人差があり、一般に大柄な方は暑い夏に除湿と扇風機では我慢できないかもしれません。我慢しすぎて熱中症になっても困ります。そのときは設定温度をできるだけ高めにして、扇風機を回し、冷気を楽しんで下さい。設定温度の目標は言わずと知れた28度です。

扇風機の向きはどうすればよいでしょう？　扇風機はエアコンの正面、または斜め前方の、部屋の端に斜め上向きにして配置します。エアコンからの冷風は重いので、正面の床に降下します。その冷気を部屋の上方の空間に扇風機で運ぶのです。すると、冷気が循環します。扇風機より強い風の流れをつくるサーキュレーターを使うともっと効果的です。もちろん、シーリングファン（天井扇）を利用するのも有効です。

他方、冬の間は、部屋の上方に溜まりやすい暖気を下方に降ろすように設定します。冬の間、暖房の設定温度を25度以上にしてもまだ寒い場合は、暖気の循環が不足していることが多いですから、室内の空気をぜひ扇風機で攪拌《かくはん》してみて下さい。効果てきめんだと思います。これを研究室で試したときは、女子学生に大変好評でした。

冷房の設定温度を1度上げると、10パーセント程度も消費電力を下げられます。扇風機も併用すると、家庭で数百ワット単位での節電効果が期待できます。

概算ですが、以下に具体例をお見せしましょう。

800ワットのエアコンで、いつもより設定温度を2度上げると、消費電力は20%、つまり160ワット減少して、640ワットになります。併用する扇風機が「中」の風力で30ワットとすると、合計の消費電力は800−160＋30＝670ワットになります。元々が800ワットでしたから、130ワット節電できました。これは大きな数字です。

エアコンの節エネ手法は、まだあります。

◇風向板の向きを調整する

冷房の場合は、エアコンの風向きを調整する『風向板』を水平に設定すると、冷気が部屋の中央に進むにつれて下降しますから、人がいる位置が涼しくなります。

暖房の場合は、風向板を下向きに固定すると、人がいる付近が温まります。

◇エアコンのフィルター掃除

フィルター掃除は2週間に1回行うのが理想です。フィルターが目詰まりすると効率が落ちるためです。空気の吹き出し口もほこりがたまりやすいので掃除しましょう。

◇帰宅時には先ず

帰宅してみると部屋が蒸しぶろ状態！

そのとき、あなたはどうします？　車の場合と同じです。まず、窓を開けるなり換気扇か扇風機を使って、室外から比較的涼しい空気を部屋に入れましょう。エアコンのスイッチを入れるのはその後です。

◇室外機にも眼を向けて

エアコンは室内機と室外機からできています。室外機の環境チェックも大切です。ポイントは2つあります。

①室外機の前に何も置かない

エアコンの室外機の前面に物が置かれていませんか？　物があると室外機からの風の放出が妨げられ、熱放射の効率が低下します。しかし、距離さえ充分とれば置いてもよいものもあります。

②室外機に直射日光が当たらない

室外機に直射日光が当たると、やはり熱交換の効率が低下しますので、よしずやすだれ等で日陰を作ってあげるとよいでしょう。しかし、熱交換器に近すぎると風の進路が妨げられますから注意しましょう。

◇エアコンの風量を自動運転にする

自動運転にすると、センサーが稼働して、最適の風量を選んでくれますから節エネになります。

技術の粋を集めた最近のエアコンには、ロボット化され、室内に人がいるのかいないのかを感知するものがあります。それどころか、人の位置まで判断します。そして、あな恐ろしや、人が起きているか寝ているかまで感知して、適切な風向、風量を送ることもまでできるそうです。しかし、そのような特殊機能の付いた機種は高価格になりがちです。省エネ機能がしっかりしていればそれ以上の機能は求めず、扇風機と併用する方が安上がりでしょう。

ただし、「自動掃除機能」がついたエアコンは、常に省エネに配慮されていますから、少々高くても長期的には大きな節電が期待できるでしょう。

◇エアコンの選び方

エアコンは、消費電力が大きいですし、購入後に十年前後は継続使用するので慎重に選ばなければなりません。

もちろん、エアコンは省エネタイプに限りますが、見分け方は次を参考にして下さい。

「省エネ達成率」と「ＡＰＦ」をチェックします（ちょっと前まではＡＰＦの代わりにＣＯＰというものを使っていました）。どちらも値が大きい方が優秀と思っていただいて結構です。

2つの値のうち、どちらをより重視すべきかというと、エアコンの場合はAPFです。

APFとは『通年エネルギー消費効率（Annual Performance Factor）』のことです。APFが大きいほど、必要な能力を小さな電力量で供給できます。省エネが進んだ製品ほど高いAPF値を示すのです。

そのAPFは1より高い値を示していますが、なぜでしょう？

暖房の場合、電気で室内の空気を加熱するのではなく、外気に含まれる熱を集めながら室内に取り込みます。外気が持つ熱を有効利用する分、効率が1より高くなるのです。冷房の場合も同様です。エアコンを選ぶときはAPFが高い製品にしましょう。

同時に「省エネ達成率」も確認しましょう。省エネ達成率とは、何年かごとに変わる省エネ目標の達成成率です。この達成率は店頭では「省エネ（統一）ラベル」、つまり、★の数で示されています（多段階評価ともいいます）からご存知かと思います。

エアコンでは、省エネ基準達成率により以下のように★の数が定められています。

★★★★★　109％以上
★★★★　100％以上109％未満
★★★　90％以上100％未満
★★　80％以上90％未満

★　80％未満

★の数が多いほど、省エネ性能が優れている機種と判断できます。★の数とAPFはだいたい比例していますから、まず見つけやすい★の数をチェックして、予算の範囲内でできるだけAPFの高い製品を選ぶとよいでしょう。

もちろんAPFの高い製品は値が張りますが、エアコンは10年以上使いますから、元は取れます。

◇家電製品の購入にも予習が大切

（財）省エネルギーセンターのホームページで「省エネ機器」をクリックすると、「1．主に家庭用機器」の下に、「省エネ型製品情報サイト」なるものがあります。（http://www.eccj.or.jp/product-info/index.html）

様々な家電製品の性能がチェックできるので便利です。

ちなみに、冷房能力5キロワットのエアコンを見ますと、★3つの製品が1種出ます。APFは5・9で、リストにはAPFが高いものから順に並んでいます。最も低いAPFは4・0です。

年間電気代はAPFが6・5のものが37、400円で、4・0のものが55、100円と、約18、000円の開きがあります。10年使い続けると、電気代が18万円も違いますので、表示された店頭価格だけでエアコンを選ぶべきではないことがよくわかります。

少々高くともAPFが高いものを選んだほうが、長期的にはお得なのです。

◇シーズンオフにはプラグを抜く

エアコンもリモコンで動かせますから、常に待機電力を使っています。エアコンを使わない春季と秋季には、プラグを抜いておきましょう。

◇冬場の注意点：冬は厚着で

北海道では冬の室内、Tシャツ1枚で過ごすことがあるそうですが、節エネの観点からは問題です。エネルギーを節約するには、冬の室内でも厚着をすることがお勧めです。

◇窓用の冷気ストップパネル

冬場に簡単に使える断熱シートです。半透明で窓に粘着シールで貼るタイプですから、室内が暗くなりません。掃き出し窓用の大型タイプもあります。価格はどちらも千円以下です。素材は、下敷きのように固いプラスチックです。はがすときに窓ガラスに粘着シールの跡が残って困るようですが、シール除去剤を使えば解決します。しかし、夏の冷房の際には室内の冷気を逃しにくくなりますから、通年貼ったままでもいいでしょう。

また、透明性は落ちるものの、断熱性がさらに優れた、しなるタイプの発泡スチロール製のもの（『窓際あったかボード』）もあります。これは窓に貼らずに立てかけるだけです。少々暗めでも我慢できる寝室などに向いています。各種の色やデザインがあり、こちらも千円以下と手頃なお値段です。

◇電気コタツの利用

冬場はエアコンをなるべく使わず、省エネタイプの電気コタツを使いましょう。古い電気コタツは電気を浪費しがちですから、長期的に見ると省エネタイプを購入した方がよいかもしれません。すると、暖房スペースが大いに減り、足元は暖かいし節電できます。エアコンと併用する場合でも、エアコンの設定温度をかなり低くできます。

裏技美技：石油ストーブをお持ちの方は、沸かしたお湯を湯たんぽに入れ、コタツに入れておくと電気いらずで温まりますから、ますます節エネです！

裏技美技2：お風呂のお湯保温器（後述します）を電子レンジでチンして電気コタツに入れておくのも、電気いらずで暖まるテクニックです。コタツのスイッチが入っていなくても暖かくなりますから、ほぼ電気代がかかりません。

◇天井から床までの厚手カーテン

天井から床までの厚手のカーテンを使うと断熱効果が上がり、電気料金を年間4千円ほど節約できます。

◇電気カーペットの設定温度

電気カーペットの設定温度を強から中に変更すると、年間4100円の節約になります。

◇電気カーペットの下に断熱シートを

電気カーペットの下に断熱シートを敷きましょう。そのままでは、使用電気の半分を床の加熱に浪費してしまいます。断熱シートを敷けば、失われていた半分の熱が、部屋を暖めることに使われます。

◇単身者の暖房にはできるだけ電気ひざ掛けを

電気ひざ掛けとは電気毛布のミニチュア版で、膝や足をカバーできます。ちょっと冷えるな、というときに手軽に使えて重宝します。電気代は1時間1円しかかかりませんから、エアコンの数十分の1とお得です。洗濯機で丸洗い可能ですし、値段も数千円とお買い得です。一人身をやさしく包む電気ひざ掛けは、小さいながら、電気毛布の代用にもなります。

余談タイム：授業中の雑談

私の授業中の余談タイムに、学生にする話に次のようなものがあります。

夏の日に、外はいい天気なのに教室ではカーテンで遮光して、せっかくの日光を利用しない。そこで点灯される蛍光灯も、この教室には約30本あるから、合計1000ワットの電力を消費する。その蛍光灯の発光効率がいまいちなので、750ワットが熱になる。これでは電子カーペットを天井に張っているようなもので、教室内がますます暑くなる。そのため、冷房を入れると、室内は涼しくなるが、室外はそれ以上に暑くなる。だから、ますますカーテンを閉めて断熱し、冷房を効かせる。

そう、好循環ではなく悪循環ですね。これが21世紀の技術レベルなのでしょうか？　何か解決方法はないでしょうか？　それがあるのです。

まず、カーテンの代わりに断熱・遮光シートを窓ガラスに貼ります。すると、外気の熱は遮断しますが、日光は利用できます。特に窓際の照明にはセンサーを装備し、外が充分明るいときは自動的に照明を落とすよう調整します。さらに、天井にシーリングファンを付けます。これでエアコンの冷気が教室中に行きわたります。天井付近の暖気だけ換気できればなおよいのですが、これらの工夫だけでもかなり改善するはずです。

もちろん、教室の窓の外に大型の緑のカーテンを作っても楽しそうですね。

表3-5　各種照明の特長

	白熱電球	蛍光灯	**LED**
照明効率	10%	25%	**32%**
消費電力	60ワット	12ワット	**6ワット**
寿命	1000時間	10000時間	**40000時間**
価格	約100円	約1000円	**約4000円**

（LED価格は高めですが、明るいものはこの程度です）

（4）照明の節エネ

次は、電力の16パーセントを消費する照明器具の節電です。年間10万円の電気代を支払う家庭では1万6千円になります。まず、無料でできる節エネ手法をお知らせします。

◇こまめに清掃を

照明器具を1年間清掃しないまま放っておくと、2割程度暗くなりますので、怠らないようにしましょう。

◇こまめに消灯を

必要でない照明はこまめに消灯しましょう。門灯や玄関灯も、短時間に制限するか、使わないようにしましょう。

国内では、白熱電球が売れなくなりました。白熱電球が発する光はなぜか人を安心させる優しい色をしていますが、電力のほとんどが電球内のフィラメントで熱に変換され、光に変換されるのはごくわずかです。少し工夫すれば、暖房器具に使えるほどです！　この状態を専門用語では、「照明効率」が低いと言います。表3―5に様々な光源の照明効率等を示しました。

この表からまず気づくことは、白熱電球の効率の低さです。白熱電球は使わないにこしたことはありません。このため、白熱電球は政府の方針で、生産停止になりつつあります。前述のように、白熱電球の光の色は捨てがたいものがあるのですが、仕方ないですね。なお、蛍光灯やLED照明に触っても白熱電球ほど熱くないのは、照明効率が高く、電気エネルギーが白熱電球ほど熱にならないからです。

それでも蛍光灯の照明効率は25％で、残り75％は熱となっているのです。夏の台所はただでさえ暑いのに、冷蔵庫も照明も懸命に放熱しています。それをエアコンで無理やり冷やしているのです。もったいないですね。

◇白熱球が切れたら

9・11世界同時多発テロが起きたとき、私はネパールとチベットを旅していました。当時その地域は夜、白熱球で照らされていました。ほとんどの照明が白熱球で、日本ではすでに見られなくなった光景でした。白熱球は寿命が短いためよく切れます。切れたとき、発光効率の高い電球型蛍光灯に代えると、電気代は減るし、寿命が長いので取り換える手間も減って便利です。ただ、蛍光灯には不得意な守備範囲があります。たとえば蛍光灯はトイレ・階段灯など、点滅の頻度が高い場所には不向きです。人感センサーが機能している場所も同様です。一度点滅すると、蛍光灯の寿命は約1時間短縮されるからです。こうした場所にはLED照明が効果的ですから、少々高くともそれを採用されるとよいでしょう。

電球型蛍光灯の寿命をフルに引き出すには、1回の点灯で18分間以上、つけっぱなしにしなければならないのです。ですから、お風呂では問題ないでしょう。洗面所では使用する人によると思います。

◇切れないLED

最近、飛躍的に脚光を浴びているのがLEDです。LEDの寿命は、一口に4万時間といいますが、1日8時間利用しても4千日分、つまり約11年です。家庭では1日8時間も点灯しない場合がほとんどですから、居間以外の部屋ではLEDは実質的に一生使えます！ 長寿命に加え、消費電力も少ない優れた省エネ製品です。低価格のものも出回っています。しかし、価格が低いと明るさもイマイチですからご注意下さい。これからどんどんLEDの低価格化が進みますから、どしどし家庭にも導入しましょう。

LED照明は、寿命がきても切れません。徐々にうす暗くなるだけです。うす暗さが気にならない方は寿命がきても長く使い続けられます。私もLEDを見習って、長時間切れることなく周囲を照らし続けられる人間になりたいものです。

表3-6　白熱球60W相当の価格、寿命、消費電力

	価格	寿命	消費電力
白熱球（東芝長寿命型ホワイトランプ）	110円	2,000時間	54ワット
電球型蛍光灯（東芝ネオボール1）	530円	6,000時間	12ワット
電球型LED（東芝LED電球，-CORE）	1860円	40,000時間	6.3ワット

（価格は2011年9月現在のもの）

◇LED電球は本当にお買い得?

ＬＥＤ電球は暗いというのが定評でしたが、最近はＬＥＤの真下も周囲も次第に明るくなってきました。そこで、典型的な白熱球、蛍光灯、ＬＥＤの３者を詳しく比べてみましょう。

表３―６によると、消費電力では、電球型蛍光灯がＬＥＤに近い数字を出しているものの、ほぼ２倍違います。蛍光灯の欠点は、点灯した瞬間の明るさが出ないのと、寿命がＬＥＤより短い点でしょう。また、先述のように、１度点滅させると寿命が１時間縮みます。ですから、トイレなど、ごく短時間しか使わない場所には向きません。

しかしなにより、ＬＥＤ電球は値段がまだまだ高めですね。とはいえこの価格でも、消費電力の小ささと寿命の長さとを考慮すると、高くはないのかもしれません。

具体的に比較しましょう。実際に購入して使用する際の所要コスト（ランニングコスト）を算出するのです。表３―５を参考に、各照明の価格を寿命で割ると、照明１時間あたりの費用が出ます。

白熱球＝０・０５５円、蛍光灯＝０・０８８円、ＬＥＤ＝０・０４７円

面白いことに、蛍光灯が最も割高です。そして、電気代が１ｋＷあ

たり23円として、各照明の1時間あたりの消費電力は以下の通りです。

白熱球＝1・24円、蛍光灯＝0・276円、LED＝0・145円
各照明について、この2つの計算結果の合計は照明1時間あたりの所要コスト（ランニングコスト）になります。

白熱球＝1・30円（6・78）、蛍光灯＝0・364円（1・90）、LED＝0・192円（1・00）

LEDが圧倒的に安いですね。カッコ内の数字はLEDのランニングコストを1とした場合の相対値です。白熱球のランニングコストはLEDの約6・8倍、蛍光灯型電球でも約1・9倍です。白熱球、蛍光灯、LEDのランニングコストはおおよその比率で言うと7対2対1です。ですからLEDを使わない手はないように見えます。

別の計算もしてみましょう。

居間で各照明を10年間使うときにかかる経費の比較です。

1日8時間使うとすると、10年間では29200時間ですから、白熱電球は15個、蛍光灯は5個、LEDなら1個が必要で、それぞれ電球代として1650円、2650円、1860円かかります。

さらに、その間の消費電力量はそれぞれ1577kwh、350kwh、184kwhですから、電気代はそれぞれ、3万6300円、8050円、4232円となります。

電球代と電気代を合計したランニングコストはそれぞれ、3万7950円、1万700円、

6092円という結果になりました。安い上に電球を取り代える必要が全くないLEDが最も経済的であることがわかります。白熱電球との差は6倍強ですね。白熱球、蛍光灯、LEDの比率はだいたい6対2対1となりました。

しかし、蛍光灯との差は、それほど大きくはないので、今使っている蛍光灯をわざわざLEDに代える必要がないことも分かります。蛍光灯が切れた際にLEDに代えましょう。けれどもLEDはトイレや洗面所にもお勧めですから、そこの電球型蛍光灯を他の場所に移し、LEDに代えることは得策でしょう。まだまだLEDは高いと思われるかもしれませんが、節電して得た利益をLEDに回してエコスパイラルすればよいだけです。今後、さらにLEDの低価格化が進むでしょうから、しばらくはLEDの黄金時代が続くことでしょう。

◇センサー付きLED電球

人感センサー付きのLED電球が千円台後半からの価格で販売されています。わざわざスイッチを押さなくても赤外線センサーが人を感知して自動的に点灯し、人がいなくなると消灯します。風呂に隣接した洗面所に導入すると、入浴中は自動的に消灯し、風呂から出てきたら自動的に点灯しますからとても便利です。玄関灯や階段灯にも向いています。大家族ですと、投資回収も早まります。今お使いの照明が切れたときに、導入を検討されるとよいでしょう。

余談タイム：ドイツの節エネ

1970年代半ばに学生だった私は、短期留学制度を利用して夏休みにドイツに行きました。そして、照明の節エネがかなり進んでいることに驚きました。ホームステイ先の家庭で、夜に階段を昇降するとき、階段灯が点灯しますが、1分間で自動的に消えます。階段の途中でボーッとしていた私は真っ暗やみの中で途方にくれ、壁に顔面衝突したことがありました。また、電柱に設置された街灯も、歩行者が一つひとつ点灯しながら歩くのです。そして、点灯された街灯は歩行者が通り過ぎると背後で自動的に消灯しました。そのドイツは今、脱原発を決定し、自然エネルギーの利用においても世界最先端を走っていますが、昔から節エネ大国だったのです。

(5) 冷蔵庫の節電

次は存在感が大きい冷蔵庫の節エネです。

冷蔵庫も省エネがかなり進んできましたが、依然、単独で15パーセントもの電力を消費する大食漢ですから、使い方に注意が必要です。

冷蔵庫は、内部の熱をどんどん外部に放出して、内部を冷やすしくみになっています。冷蔵庫の裏側の放熱部から熱が逃げます。ですから、冷蔵庫の裏が壁にぴったりくっついていると熱が逃げられず、余分な電力を浪費します。そのため、次のことに留意して下さい。

◇冷蔵庫の裏側と壁の間隔を広く取る

少なくとも5センチ、できれば10センチは空けて欲しいものです。風通しをよくするために、両側も数センチ開けて下さい。また、日が差しこむ場所や加熱調理器具の至近距離に置かない方がいいですよね。

◇冷蔵庫の上にも物を置かない

放熱が促進されます。

◇冷蔵庫内にはものを詰め込み過ぎない

詰め込み過ぎると冷気の循環が悪くなり、冷えにくくなります。冷蔵庫でも冷凍庫でも居室でも、どこでも整理整頓は必要ですね。ハイ。

◇冷蔵庫内を整理整頓する

1年に1000円から6400円も節電できるとの数字もあるほどです。

整理整頓のコツとしては、冷蔵庫内の中央部に隙間を開けると、上部からの冷風が下部まで落ちやすくなりますし、冷蔵庫内の食品を捜す時間も短縮できますから節エネになります。

このような点に注意すると、冷蔵強度を夏は「強」から「中」に、それ以外の季節では「中」から「弱」にしても問題なくなります。「弱」は「強」より2割お得です。これぞ冷蔵庫の循環エコテクニックです。「強」設定は水分の多い野菜を凍らせることもありますから要注意なのです。

他にも、心強い節電テクニックがあります。

◇冷蔵庫には熱いものを入れない

調理後は、冷ましてから入れましょう。同様に、冷凍された食品を解凍するときも、自然に解凍するように努めましょう。できるだけ電子レンジを使用しないようにします。

◇月末に冷蔵庫内の棚卸し整理を

知らないうちに冷蔵庫には食料品がたまります。たまった食料を冷やすために電気代までかさみますから、感情的にはたまりません（おやじギャグ？）。

そこで、有力な解決策です！　毎月一度、月末には冷蔵庫内の棚卸しをして、料理をしましょう。これで食費がかなり節約でき、庫内が整理できて電気代まで節約できます。これぞエコスパイラルですね。

◇消臭機能付き節電カーテン

冷蔵庫を開けると外に冷気が逃げます。開閉は、できるだけしないようにしましょう。しかし、暑さでボーッとするとつい何度も開けてしまいがちです。

そんなときに有効なのが、節電カーテンです。透明のカーテンで、色や柄も各種あり、冷蔵庫の大きさに合わせてカットして吸盤などで取り付けます。１００円ショップで売っています（サイズ65㎝×50㎝、２枚で税込１０５円）。貴重な冷気を逃さないので節電に有効です。年間電気代が10万円の家庭では、冷蔵庫の消費電力は約１万６千円ですから、ほんの０・１％節電する程度で元が取れてしまいます。

◇冷蔵庫の選び方

冷蔵庫の消費電力量も巨大です。少々値段が張っても省エネ達成率の高い製品から検討して下さい。なにしろ冷蔵庫はエアコンに匹敵する電気の大食い君で、毎年１～２万円の電気代を必要としますから、省エネ達成率の高い機種と低い機種の違いは10年で５～10万円超にもなります。その分、少々高価でも省エネ製品を購入した方が得なのです。

電気製品を購入するときも、試験と同様に予習が大切です。

そこで先述のように、㈶省エネルギーセンターのホームページの「省エネ型製品情報サイト」を頼ります。冷蔵庫の性能がチェックできます。

ちなみに、冷凍冷蔵庫で、容量401～450リットルのものを調べると、省エネ達成率が236％で最高のものの年間電気代は4840円。逆に、達成率が83％と最低のものの年間電気代は13900円となっています。年間約9000円、10年で9万円もの差があります。著者などもいざ店頭に行くと、店頭価格や値引き率などにググッと興味を引かれがちですが、頑張って省エネマークや消費電力量もしっかりチェックしています。冷蔵庫の品定めに行くときは、これらのデータを持参するといいですよ。

冷蔵庫が古いと、古い冷蔵庫は最新のものの2倍以上の電気を浪費することがあります。著者も昨年、25年間使った冷蔵庫を買い替えましたが、しっかり節電できています。古い冷蔵庫には愛着があるでしょうが、省エネ性能が高い冷蔵庫に買い替えた方が地球のためになることが多いようです。

（6）その他の節電テクニック

◇たまには環境家計簿をつけよう

節エネの必勝テクニックは「比較」です。本書でも進行中ですが、標準家庭や他家と比較したり、自宅の前月や前年の数値と比較したりできます。他家との比較は環境家計簿を介して簡単に実施できます。電気だけでなくガソリン、ガス、水道、ガソリン、その他、総合的に比較できるものもあ

表3-7　我が家の光熱費とCO_2排出量を環境家計簿で全国平均に比べたら

月	光熱費 [円]	太陽光発電売電分含む	光熱 CO2 排出量 [kg/月]	エコロジー度	他家庭光熱費	他家庭光熱 CO2 排出量 [kg/月]
1	16907(76)	9851	258.5(68)	4.0	22200	377.4
2	14681(60)	8633	219.1(52)	4.5	24654	419.0
3	12138(56)	5794	190.3(54)	4.5	21494	352.9
4	9405(52)	-99	127.5(44)	5.0	18221	289.7
5	8571(54)	-501	117.5(48)	4.5	15810	243.2
6	6128(44)	-736	76.8(35)	5.0	40551	216.6
7	5794(45)	-1742	73.1(37)	5.0	13005	199.4
8	5520(39)	-1920	64.3(29)	5.0	14292	219.0
9	5676(41)	-2196	65.7(31)	5.0	13742	211.1
10	5676(42)	-3890	65.7(31)	5.0	13460	211.4
11	6306(42)	-1859	165.3(67)	5.0	14946	245.2
12	11448(65)	293	159.0(54)	4.5	17594	293.4
平均	9021(53)	1898(11)円	132.5 (44)	4.75	16956円	281.0

りますからとても便利です。環境家計簿はネット経由でも利用可能です。自治体から送ってもらうこともできます。

ちなみに著者は、東京電力の環境家計簿（省エネライフナビ）http://www.tepco.co.jp/life/custom/life-navi/inde × -j.html を使って、我が家と平均的2人家族家庭の月別光熱費平均値を比較していました。2011年は以下のような結果になりました。第3列は光熱費から電力会社への太陽光発電の売電額を差し引いたもので、マイナスの値は黒字（=収入）を意味します。カッコ内は全国平均値との比率です。

詳細はおいおい述べますが、我が家には太陽光発電機と太陽熱給湯器とがあります。太陽光発電機で発電した電力のうち余ったものは東京電力に購入してもらっています。それも1kWhあたり48円という高価格で。それが表の第3列にある「売電分」です。我が家では昼間に太陽光発電で発電した電力を使い、余剰分は売電しており、料金的には東京電力から購入する電力の方が東京電力に売電する電力より少ないので黒字化（第3列のマイナスの数値）しています。また、夏とその前後には湯船には入らずシャワーを浴びますが、夏の水温は入浴用のお湯の温度に近いため、あまり沸かす必要もありません。というわけで、第2列に示されているように、夏の光熱費はかなり小額で、冬の半分以下になっています。

我が家のエコの特長としましては、光熱費もCO_2排出量も、その平均値は全国平均（一戸建て2人家族、第6列）の半分程度です。これに太陽光発電の売電分を加えると（第3列）、さらに11％まで低下します。わずか10分の1です。カッコ内の数値は各光熱費と各CO_2排出量の全国平均値との比率をパーセントで表したものです。この比率からもよく分かりますが、光熱費もCO_2排出量も、冬は高め（60〜70％）で、夏は低め（30〜40％）になる傾向があります。夏は、太陽光線の強度と日照時間が増加し、我が家の太陽熱利用機器が力量を発揮してくれるからです。そのため、エコロジー度も夏は5点満点になります。太陽光発電の売電効果を含めた我が家の光熱費を、これ以上太陽に頼らずにゼロにして、我が家を『光熱費ゼロ住宅』にすることが当面の目標です。

また、この表からわが家では、太陽光線が弱くなる冬場の節エネに重点的に努力する必要があることが分かります。

◇大型製品を避け、なるべく小型を選ぼう

テレビの大型化が進んでいます。22型の中型液晶テレビでは年間電気代が750〜1120円ですが、50型の大型では年間電気代が2790〜12500円にもなります。テレビの電気代だけで、10年間で約10万円も違ってくるのです。エコスパイラルを着実に進めるには、なるべく小型で省エネ性能に優れたテレビを選べばよいことが分かります。また、大型ですと、光量が増えて眼にもますます悪いのではと思われます。

テレビは金属やプラスチックなどの貴重な資源から作られていますから、小型を選ぶと資源の節約にもなります。

また、エアコンや冷蔵庫のように、同程度の大きさでも電気代が大きく異なる製品がありますので、テレビの省エネ性能も同様に（財）省エネルギーセンターのデータを活用して選んで下さい。

◇テレビの正しい見かた

テレビの映像調整を確かめましょう。映像調整機能である「明るさ」、「色の濃さ」、「ピクチャ」を最大にすると、標準時に比べて10〜30パーセントも消費電力が増えます。眼の健康にも配慮して今一度、適切な明るさを選びましょう。「シネマモード」という選択肢があれば、ぜひ試して下さい。映像調整を最大から標準にすると、年間千円近く節約できることがあります。

また、テレビは見たい番組があるときだけ電源をつけて見るようにしましょう。1日1時間テレビ観賞の時間を減らすだけで、かなりの節電が可能なのです。

◇テレビは一家に1台

テレビが一家に2、3台あると待機電力も馬鹿にならなくなります。電気料金もたくさんかかります。テレビは一家に1台にしましょう。そして一家団欒の貴重な時間を大切にして下さい。

また、子供さんにはチャンネル争いを通して交渉力や忍耐力をつけさせましょう。

◇パソコンの節エネ

もしお使いのパソコンのOSがウィンドウズXP、Vista、7なら、次のサイトからダウンロードできる「Windows PC 自動節電プログラム」を使えば、なんと30パーセントも節電できるそうです。

http://support.microsoft.com/kb/2545427/ja

家だけではなく、職場のパソコンにも使ってみて下さい。

◇パソコンの節エネ2

パソコンを利用しないとき、スクリーンセーバーを使わないようにしましょう。特に3Dのものは、利用中とたいして変わらない電力を消費します。何十分も使わないときは、「シャットダウン」するに限るのですが、10分程度ならどうすればよいでしょう？

答えは、「休止させる」、または「スタンバイ」です。

◇パソコンの節エネ3

パソコンを使用しないときは、プリンターの電源もオフにしておきましょう。

◇掃除の前に：計画を

掃除機は、電源を入れた直後の起動時に大電力を使います。その量たるや、なんと、掃除機を5分間連続使用するのと同等です。ですから、掃除機のスイッチを頻繁にオンオフすることは避けましょう。そうならないよう、事前に部屋を片づけて一気に掃除機をかけられるように準備してから始めましょう。物品を動かす際に、節約のためと掃除機をオフにすると、あら残念、むしろ余計に電力を使ってしまいます。

また、カーペットでは「強」に設定しても畳やフローリングでは「弱」にして、掃除機の負荷をできるだけ小さくするように心がけましょう。

◇掃除の前に2：準備を

カーペットやフローリングの掃除はなかなか微妙です。

カーペットの場合は、古い歯ブラシを利用するかゴム手袋をはめた手で、毛の中深く侵入したゴミを予め出しておきましょう。そして、毛並みを起こすように掃除機をかけます。

フローリングの場合は、竹串か古い歯ブラシで隙間に挟まったゴミを掻きだしておきましょう。

◇食べ残したご飯

ご飯の食べ残しを電気炊飯器に入れたまま保温すると電気の無駄遣いになります。冷蔵、または冷凍し、食べる前に電子レンジで温めましょう。

◇一家団欒の時間を増やそう

家族が一つの部屋に集結して時間と空間を共有すると、その部屋だけ照明や冷暖房すればよくなりますから節電が進みます。しかも、一家団欒が楽しめ、連帯感も強まります。これもエコ生活が他の利益を育む、エコスパイラル（好循環）ですね。

◇温水洗浄便座

温水洗浄便座の温度設定を控えめにし、未使用時は、熱の放射を防ぐためにふたを閉めましょう。

さらに、もう少し気合いを入れて、冬以外は便座を温めないようにしましょう。これだけで年間4000円程度の節約になります。ウォシュレットはなかなかの金食い虫ですね。

これでもまだ不足という方は、さらに洗浄水の温度設定を低めにします（温度設定の方法はマニュアルに書かれています）。温水洗浄便座は電気ポットのようなもので、常に電気でお湯を温めています。電気ポットは電気の無駄使いです。とくに晩春から早秋にかけて（5〜10月）の半年間は温めなくても大丈夫かと思います。

◇アイロンの余熱利用

アイロンは電源を切った後でもしばらく余熱が使えます。余熱を無駄にしないように早めに電源を切りましょう。ちりも積もれば山になります。

◇洗濯機での洗濯はまとめて

洗濯はまとめてやりましょう。容量6キロの洗濯機の場合、容量の8割で使用すれば、4割で使用する時に比べて年間3000円も節約できます。

◇まわしてチャージ充電丸

これは、ペダルを回すと発電できる可愛い発電機です。手回しだけでなく、椅子に座って足で回しても発電可能ですから、運動不足解消、健康にもよいという優れものです。発電した電気は、取り外し式の12V／7・2AhのLEDライト付き鉛電池に充電されます。しかし、フル充電には8～10時間もかかるため、普段から地道に運動を兼ねて充電しておいた方がよいでしょう。価格は1万円台前半です。市販品のサイズと重さは幅337×高さ260×奥行き355㎜、4・6㎏です。

◇太陽光発電機

著者は補助金をいただきながら、家庭でできる温暖化対策の一環として、そしてエコスパイラル的節エネ対策として2・7キロワットの太陽光発電機を購入しましたが、実はもっと大きな購入理由がありました。それは、リーマンショック以上の深刻な経済危機到来の予感でした。

日本における国と地方予算の赤字総額は、累積1000兆円以上あります。世界一の赤字額です。国内の貯蓄額は1400兆円あるから大丈夫と思われるかもしれません。しかし、貯蓄と同時に借金も存在します。たとえば、貯蓄はあるけど住宅ローンもあるという家庭は珍しくないでしょう。国内の借金総額は300兆円程度ですから、正味の貯蓄総額は1100兆円です。これは現在の日本の借金総額と同じ額です。我が国はすでに自前で返済金を捻出できなくなりました（2011年9月19日の新聞報道）。今や、そんな状況になっています。

そんな日本でも世界的にはまだまだ優等生のようで、その証拠に円高傾向にあります。本当に不思議ですね。米国やヨーロッパの経済状態は、それほど悪化しているのです。しかも彼らの借金は他国に依存しています。事態は深刻です。とくに米国などはドル崩壊をすでに織り込んで、ドルに代わる貨幣体系の構築を進めつつあるという報道も出始めました。ドルの赤字額が肥大すると、米国が全世界に徳政令を出す（デフォルト）可能性が高まります。恐らくこれはそのうち実現するでしょう。そうなると、中国と共に米国経済を支えている円にも悪影響が出ることは必至です。

おまけにユーロも危ない！　ということで、円で貯金をしていてもかなりのリスクがあることは明白です。いつまで円が持ちこたえられるのでしょうか？　もう10年も持ちこたえることは不可能です。1、2年かもしれません。そうなると円の価値が激減し、貯蓄の価値も大幅に減少するでしょう。皆さんは、心配ないですか？　私は昔から心配していて、機会があれば講演などでも警告を発していましたし、自分流の準備もしてきました。その準備の一環がエコスパイラルです。

円という貨幣の価値が下降すれば、食糧やエネルギーの輸入が減るでしょう。ですから、できるだけ各家庭が食料とエネルギーの自給を図った方がよいのです。頼りない貯蓄を思い切って、頼れる実体に変換すべきです。信頼性の低い現金を信頼性の高い実体に代えるのです。そういう意味でも、太陽光発電や家庭菜園、薪ストーブ等の導入には意義があると思っています。

本稿を書き始めてしばらくして、東日本大震災が起こり、著者の職場などもかなり被災しました。そしてある意味、歴史が変わりました。原子力の推進がこれからどうなるかは分かりませんが、私は元来、反原発派でした。子孫には、この地震国で十万年以上も危険性が続く放射性廃棄物を残したくありません。原発は、夏季の電力消費ピーク時での停電を防止する対策として建設されてきました。急停止しにくいので夜間も発電を続け、そのため夜間に電力が余ります（夜間余剰電力）。その安い夜間余剰電力を利用するのが『エコキュート』などの電気式給湯器（厳密にはヒートポンプ式電気給湯器）と、それをベースにしたオール電化住宅なのです。このため、電気式給湯器はエコスパイラルの対象製品に入れていません。反・脱原発派の人々は電気式給湯器を導入せず、代わりに率先して太陽エネルギーの導入を自らの家庭で始めることができます。すると何十万、何百万もの家庭で、真夏の電力消費ピーク時に発電が最高潮に達しますから、原発の必要性が低下する効果ももたらします。脱原発は、家庭から始めることが可能です。

しかも、やがて来る円安（インフレを伴う）と食料・エネルギー不足への対策の二重の対策にもなるのです。

おまけに、太陽光発電は自立運転も可能ですから、停電になっても日光さえあれば、冷蔵庫やテレビなどが使えます。

これらの理由もあって、私は太陽光発電機を導入しました。しかし、私の収入では3キロワット規模がせいぜいです（今は無理してでも5キロワットにしておくのだったと後悔しています）。最初に各社に見積もりをお願いしましたが、これが簡単には進みませんでした。なぜなら我が家の三角屋根は斜度が45度もあるからです。そのため、高さ慣れした職人さんでも設置作業ができません。幸運なことに新規にログハウスメーカーの専属になった太陽光発電業者に、設置作業ができる職人さんたちを紹介してもらえました。発電パネルは、傾斜45度の屋根部およびドーマーという傾斜15

図３-２　我が家の太陽光発電機の月別発電量

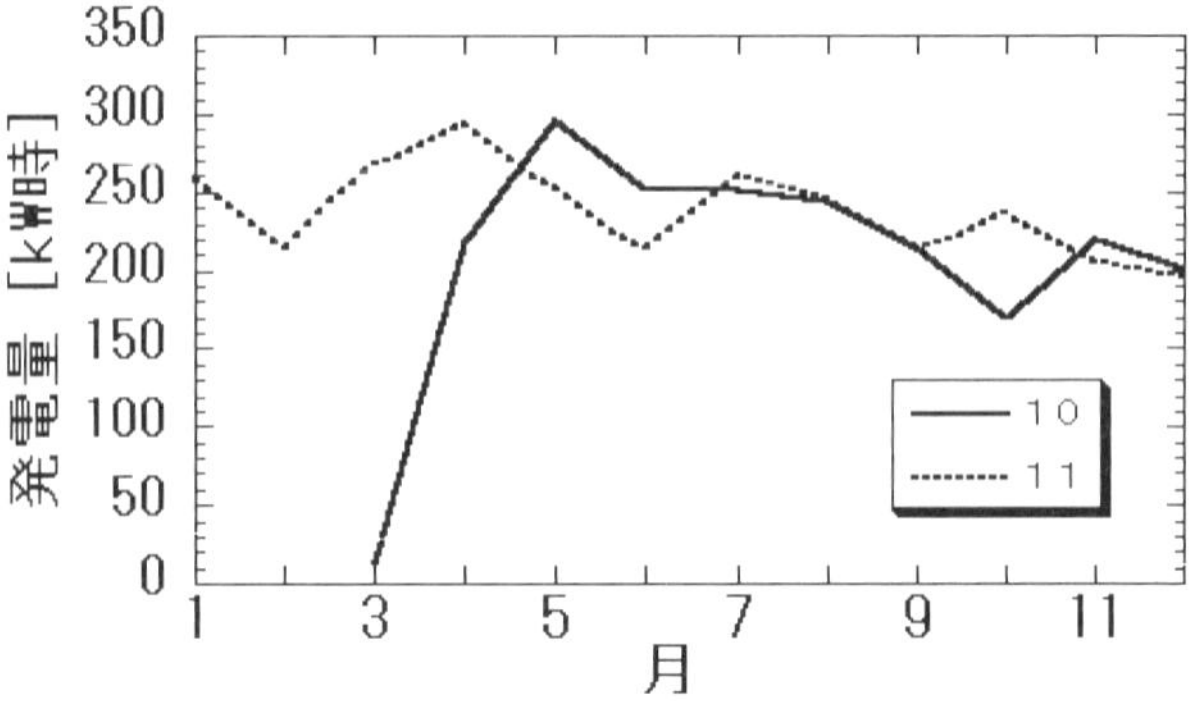

度程度の部分におよそ半々設置しました。

我が家の太陽光発電機は、上の図のように、２０１０年３月の竣工以来、着実に毎月ほぼ２００~３００キロワット発電してくれています。現在の買い取り電力価格は1キロワット時（ｋＷｈ）あたり48円ですから、毎月１万円近く電力会社から振り込んでもらえるようになりました。これは冬場の電気料金に匹敵する価格ですから、我が家では電気料金が黒字化した状態です。

太陽光発電量は年間約２８８０ｋＷｈで、導入前の2年間における我が家の平均消費電力量は年間４２３７ｋＷｈですから、電力の自給には至っていません。しかし、太陽光発電によるCO_2の削減効果は年間１９００kg－CO_2に上ります。これは拙宅の、電力によるCO_2発生量の7割弱が削減できたことを意味します。これは多大な効果です。

そして、投資回収期間は、現在の割合で行くとおよそ13年強と予想しています。悪くない値です。確かに、太陽光発電単体の投資回収期間は長めですが、無料のものを含む他の安価なエコ手法からの利益と組み合わせると、複合効果で短縮できますから悲観していません。むしろ、そこがエコスパイラルの強みと言えるのです。企業などでは、投資回収期間が3年以上だと投資の対象外にされるでしょう。しかし、エコスパイラルの最大の目標は子孫のため、地球のための環境修復です。そのために余剰資金を活用することは、現世代の人間の義務ではないでしょうか？　義務と言っても波及効果が大きいので、著者などはかなり喜んでいるのが現状です。太陽光発電機は今後の値下がりが期待されますので、ぜひご検討下さい。

余談タイム：南の島でショックを受けた記者の後日談〈1〉

南の島で外国人に、それも気づかないうちに若干見下していた途上国の島民に、同情され、ショックを受けた記者は、その後、日本人としての誇りを失いかけていた。そんな彼は週末に都心を訪れたついでに大型書店に寄って、日本と日本人コーナーで足を止めた。そこで見つけたのが2冊の本だった。

1冊目の本「高次元の国日本」（明窓出版）には日本という国と太陽との繋がりの強さが強調されていた。そもそも国名は『日本』だし、国旗も日の丸だ。そして、国家の守護神は天照大御神という太陽神。国歌とされる『君が代』も天皇を讃える歌ではあるが、天皇家の守護神も天照大御神であるので、太陽神を讃える歌とも拡大解釈できる。こうしたことから、日本という国家が太陽を中心に据えてきたことがよく分かる。

2冊目の本、境野勝悟『日本のこころの教育』（致知出版）には日本人と太陽との関係が挨拶の観点から詳しく説明されていた。著者が言うには、かつての日本人は毎日のように日の出を拝んでいた。さらに、「こんにちは」、「さようなら」という多分に即物的に聞こえる挨拶には行間に深い意味が込められているという。そもそも『今日(こんにち)』とは太陽を意味していた。そして「こんにちは」とは、「太陽様と一緒で元気に暮らしておられますか」という投げ掛け言葉だったという。そして、相手が「ハイ、太陽様のお蔭で元気に暮らしています」と応じると、「左様でしたらよござんす＝さようなら」と結んでいたらしい。日本人の習慣や挨拶にまで太陽の存在が色濃く反映されているのだ。つまり、元来の日本民族とは太陽を心から畏怖し敬愛してきた太陽民族なのである。さらに、お母さんという呼称もかつての「カカさま」から由来していて、「カカ」とは何を隠そう、「カッカ」と燃える太陽なのである。(他方、お父さんは「尊い」人から来ている由)

記者は今まで、これほど大事なことを知らずに中年を迎えていたことに驚いた。こんな根幹的な事柄が学校で教育されていないのである。こんな現状では心から国を愛する気持ちなど育てられないのではなかろうか。政治家や官僚たちが、国のため国民のための努力を怠たりがちのように見えるのも、愛国心が希薄なせいではなかろうか。

(よし、これからはできる限り太陽に感謝しよう)

記者は素直に、そう思えたのだった。そして、

(太陽エネルギーを有効利用するために太陽光発電でも始めてみようか。へへッ、これぞ大和民族の責務かも！)

図3-3　ソーラー導入前後の電気料金の推移

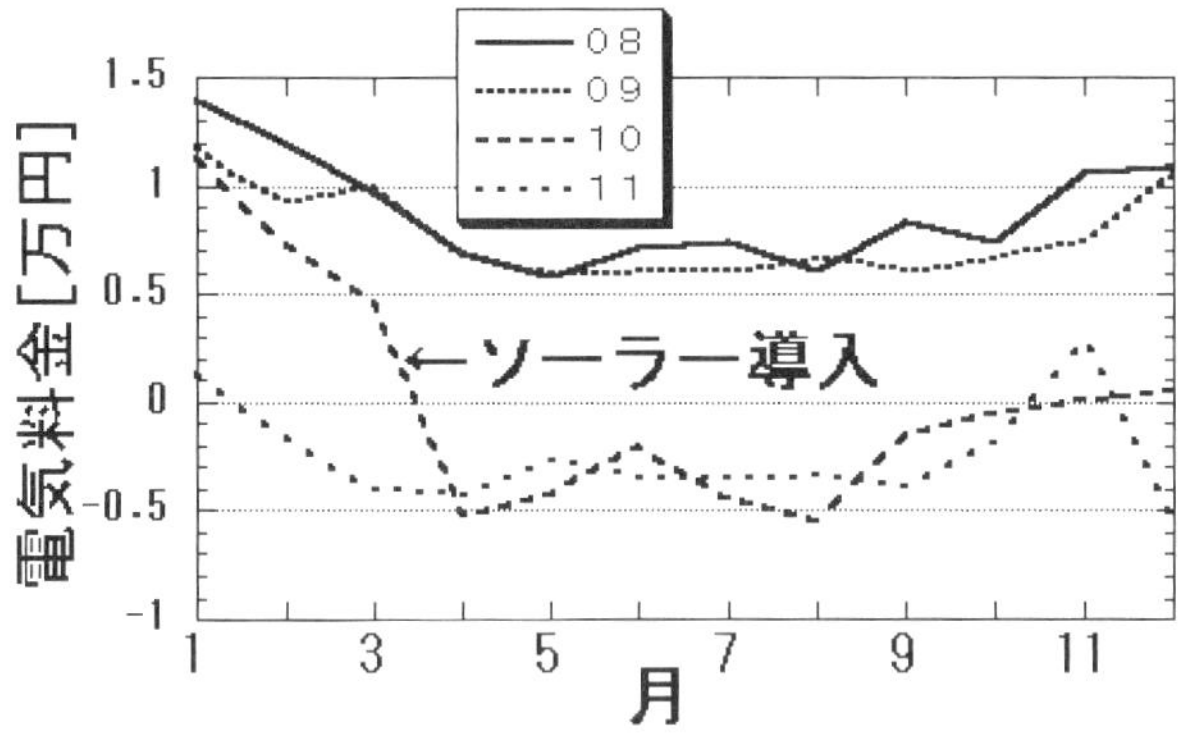

いつの間にか、最近にない積極的な自分が顔を出していた。

それは、日本人としての誇りが記者の胸に甦《よみがえ》った証拠だったのかもしれない。

（7）我が家のエコスパイラル（電気編）

我が家の取り組みについては第4章に詳述しますが、電気料金についてはここにまとめておきます。その前にお断りした方がよいと思いますが、拙宅では厳密に定義してエコスパイラルを実行しているわけではありません（スミマセン）。予算内で可能な節エネを可能なタイミングで行っているだけです。しかし、太陽光発電機や太陽熱給湯器などのエコスパイラルにおいて重要な役割を果たす主力エコ製品のデータはできるだけ作成するようにしています。

図3―3は過去数年の我が家の電気料金を示しています。

家を建てて移り住んだ最初の冬は、用意した薪ストーブ用

表3-8　世帯あたりの電気の年間消費量全国水準値

エネルギー	2007年度（暫定）	2006年度（確定）	2004年度（確定）	単位
電気	5,607	5,456	5,458	kWh/年/世帯

の薪が1カ月で底をつき、お正月以降は電気と灯油で暖房しました。したがって、電気料金が数千円ほど高くなっています。我が家の薪ストーブは月々の電気代を数千円、そして同程度の灯油代をカットする効果があるようです。翌冬以降は、薪を充分用意しましたから、冬場の電気料金はそれほど増えていません。太陽光発電機の導入前の電気料金は冬は1万円強／月で、夏は6〜7千円／月でした。冬の方が夏の2倍の電力を使っていたわけです。

さらに、2010年3月下旬の太陽光発電機の導入後、電気代はマイナスになり、ほぼ年間を通して黒字化しています。ただ、前述のように、この事実はわが家が電力を自給自足していることを表すわけではありません。購入電力量の方が発電電力量よりもまだ若干多めです。黒字額は春から夏にかけて増える傾向が見てとれます。

しかし、我が家の電気料金は本当にエコなのでしょうか？　それを調べるには他の家庭と比較すべきでしょう。先述した環境家計簿では光熱費をまとめて比較しましたから、今度は電気料金に絞って比較してみましょう。

そのために、2009年2月に発行されたエネルギー経済統計要覧の2009年版を利用します。2007年度の暫定値、2006年度の確定値も示されています。

2007年度の暫定消費電力量の平均値は5607kWh（キロワット時）／年／

世帯です。我が家の年間消費電力量は、２００８年度が４５０７、２００９年度が３９６７、２０１０年度が３２１７ｋＷｈ／年です。平均値よりはかなり低いのですが、我が家は２人世帯のためでしょう。もっと厳密な比較が必要です。

一戸建て２人世帯のデータとしては、ますます古くなって恐縮ですが、経済産業省の２００２年のものがあります。

それによると、家族２人の標準世帯の電気料金は８６００円／月／世帯となっています。対して、我が家では２００８年度が９０８４円、２００９年度が７８３０円／月と改善したものの、平均値より８００円低い程度です。しかし、太陽光発電機導入後は平均で２５６０円／月となっています。

こんな本を書いているのに、太陽光発電機導入前は、そんなに電気を節約していなかったのではと思われたかもしれません。それは著者の妻が夜型で、就寝時間が午前２〜４時、入浴時間もしばしば早朝という、まるでドラキュラのような夜型のライフスタイルで、節エネにあまり協力的ではないからです（ただし、夏場はエアコンなしで頑張ってくれています）。著者の就寝時間は午後12時頃で、起床が午前６〜７時です。これでは我が家の照明や暖房が途切れる時間が短く、節エネもなかなか困難です。妻にもっと早く寝るよう促しても、仕事が本の編集で趣味が深夜の麻雀ゲームのため、残念ながら聞いてくれません。しかし、そんな協力的でない家族がいても、このところ標準家庭を大きく上回る節エネを実現している点は評価に値するでしょう。もし家族全員が協力的で同じような生活時間をもつ場合、標準世帯の上を行くことは至極簡単なはずです。それは読者諸氏の腕次第です。

◇パワーコンディショナーで湯沸かし

太陽光発電機を導入された方は、パワーコンディショナーをご存知でしょう。直流電流を交流電流に変える装置です。通常、ブレーカーの傍に設置します。これが晴天時には高熱を発生し、熱いこと。発電機が5キロワットなら、夏の間はさぞ大変でしょう。ですから、とりあえず、2リットルのペットボトル（熱湯にも耐性があるもの）に水を入れ、横に寝かせてパワーコンディショナー上部に置いています。すると、お湯ができるのですからかなりの発熱量ですね。新種の太陽光湯沸かし器です！　パワーコンディショナーの熱さもやわらぎます。できたお湯はさらに加熱してお茶をいれるときに利用しています。

◇今日の収穫は電気！：ミニ太陽光・風力発電機の導入

21世紀文明の特長の一つは、各家庭で発電ができることです。しかし、百万円以上の費用がかかる2～5キロワット程度の太陽光発電機は無理と言う方は、まず小型のミニ太陽光発電を試せます。8～100ワット程度のものが5千円～5万円前後で入手できます。直接、携帯電話の充電に使えるタイプのものもありますが、だいたいは発電した電力を別途購入する12ボルトの蓄電池に充電し、その後に照明等に利用します。この場合、12ボルト専用の家電製品（照明や扇風機など）しか使えません。ただし、数百ワットクラスのものを導入すれば蓄電後、やはり別途購入するインバーターで100ボルトに変換して、通常の照明やテレビ等の家電製品に使用することも可能です。家庭用風力発電機（十万円前後から）やハイブリッド（太陽光＋風力）発電機も価格20万円程度から利用可能で、ミニ太陽光発電と同じように利用できます。

◇台所と風呂の節電：ガスの節約に学ぼう

次節ではガスの節約手法を学びますが、節電手法にもなりますので、オール電化のお宅にも役立ちます。節電にも使える手法には、サブタイトルの右に（電気共通）と記しておきますので、ご参照下さい。

4　ガスの節約スパイラル

ガスは主として都市ガスとプロパン（ＬＰ）ガスに分類されます。今の時期は、節ガスは節電ほど話題になっていませんが、エコスパイラル突入以前の我が家では電気代・ガス代共に年10万円前後でしたから、ガス代も節約対象としては最重要なのです。しかし、電気に比べるとあまり目立たないですね。ガス代もエコスパイラルの重要な標的ですから慎重に対応しましょう。

最近、オール電化が流行っていて、ガスは肩身が狭くなりつつあるようです。実は、ガスの方が効率が良くて地球にやさしいのです。なぜなら、電気の3割は危険な原発で作られますし、残りは石油・石炭や天然ガスを燃やして発電します。後者の化石燃料の場合、発電効率は低く、約4割です。それが家庭に到着するまで、送電で約5％が失われます。さらに、家庭で電気を熱に変えてお湯を沸かすとき、エネルギーの約半分が失われますから、元々の化石燃料が含むエネルギーの2〜3割しか使われません。ガスで直接、給湯する場合、ガスのエネルギーの約5割が熱になりますから、全体的に見ますと、電気よりガスの方が効率的で地球にやさしいのです。

また、危機管理の手法として、一つのエネルギーのみに依存せず、エネルギー源を分散することが基本です。そんな理由もあって、我が家では電気に加えて、薪や太陽光などの自然エネルギーとガス、しかもプロパンガスを使っています（田舎なので都市ガスは来ていません）。

ガスの節約の舞台は、主としてお風呂と台所に分けられるでしょう。沸かすお湯の量を考慮すると、両者のガス消費量の比率は3対1というところで、お風呂が重要です。しかし、家庭での節エネの立役者たる主婦の方には、聖域である台所が気になるでしょうから、まず台所での節ガス手法について説明します。

（1）台所での節ガス

大切な食生活を支える台所には、どんな節ガス手法があるでしょう？

◇給湯器の活用法（電気共通）

ガス給湯器で作ったお湯を沸騰させるのと水道水から沸騰させるのでは、給湯器経由の方が節エネです。給湯器は効率よくお湯が沸かせるように工夫されているからです。

具体的には、やかんで1・8リットルのお湯を沸かすとき、給湯器から60度のお湯をとってガスコンロで沸かすと、給湯器のガス代とコンロのガス代の合計が2・6円になります。それに比べてガスコンロのみで水から沸かす場合は3・4円です。1日2回365日として、給湯器経由の方が1年で584円ほど節約できます。ただし、今どきの給湯器でも、出し始めの水は冷たいので、それも植物への水やりなど、別途利用するようにしないともったいないですね。

◇飲むお湯も給湯器で（電気共通）

給湯器内部の管は、蛇口と同じように公的な基準をクリアしているため、お湯も清潔で安心して飲めますから、お茶にも使えます。

◇湯沸かしの合理性：電気の無駄かも　ジャー&ポット（電気共通）

電気ポットでお湯を沸かして保温するより、必要なときにだけコンロで沸かすか、給湯器経由のお湯を沸かす方がはるかに経済的です。ですから、給湯器がある場合、電気ポットは余ったお湯を保温するためのみに利用し、お湯を沸かさないようにしましょう。むしろ、お湯の保温には魔法瓶の方が優秀です。電気なしで10時間も保温できる優れ物もありますから、魔法瓶はたいしたものです。正に魔法かもしれませんね。

電気ジャーも同様で、余ったご飯を保温するために使うと電気の無駄になります。電気による保温は反・節エネです。

◇たった一杯のお湯（電気共通）

たった一杯のお湯が欲しいときに、ヤカンに必要以上の水を入れて沸かしていませんか？　何でもこまめにやるのが節約の極意です。一度に必要な量だけを沸かしましょう。お湯が余ったときは、魔法瓶にとっておきましょう。

◇水滴は敵（電気共通）

ヤカンや鍋の外側に水滴を付けたままコンロにのせないように気をつけましょう。少しの水滴でも蒸発させるにはかなりの熱量が必要ですから、ガスの無駄遣いになるのです。ヤカンや鍋に付着する水滴は1グラム（ミリリットル）もありませんが、仮に1グラムとします。温度20度の水1グラムを100度まで上昇させるのに80カロリーの熱が必要で、それが蒸発するのに532カロリー加熱しなければならないため、合計612カロリーの熱が浪費されてしまいます。これは200グラムの水を3度温度上昇させる熱に等しいのです。通常、お湯を沸かすときは沸騰させるでしょうから、２００グラム、20度の水を沸かすのに最低１６０００カロリーの熱を要します。これに比べると、先ほどの６１２カロリーは４％にも満たないのですが、節約のチリも積もれば山となります。

◇水滴を心配するよりも（電気共通）

水滴を心配するよりも重要なのは、はたして水を完全に沸騰させる必要があるかという点でしょう。例えば、煎茶の場合、渋みを抑えて旨み成分を引き出すのには70～80度、旨み成分を引き出したい玉露は50度程度の低温でじっくりといれるのがよいとのことです。逆に香りが特徴の玄米茶・ほうじ茶・中国茶（種類による）・紅茶は１００度の熱湯を使用して、香りや渋みの成分を引き出すのがよいそうですから、沸騰させる必要がありますね。

80度で加熱を止めるとすれば、最小限20％も節約できます。最小限というのは、水を沸騰させると、いくばくかの気化熱を奪われるからです。沸騰させればさせるほど大量の気化熱が必要になり、ガスが浪費されます。80度でいい場合は、沸いたお湯が音を立て始めたとき、水蒸気の発生前に加熱を停止するとよいでしょう。

◇エコケトル

お湯を沸かす効率を追求した、底が広くて沸かしやすい構造のケトル（ヤカン）があります。沸いたら注ぎ口から出る蒸気がピーピー鳴って知らせてくれます。商品名は「エコクイック笛吹きケトル」で価格は約3千円強です。また、単に「エコケトル」という商品もあり、欲しいときに欲しい量だけ沸かせるケトルです。ケトルの内部が貯水タンク・湯沸しタンクの2層に分かれていて、必要な分だけを湯沸しタンクに移して加熱してくれます。何でも30%節エネだそうです。価格は約1万円強です。

◇ストーブを料理に利用（電気共通）

ガスストーブや石油ストーブには、ヤカンや鍋を置けるタイプのものがあります。その場合、できるだけお湯を沸かしてお茶や料理にも積極的に利用しましょう。お湯が湯たんぽやコタツにも利用できることは先述しました。

◇日光を利用（電気共通）

ガス代は冬が最も高くなり、悩みの種ですね。それはもちろん、冬季の水が冷たいためで、冷たいものを沸かすには大量の熱が必要です。上昇させる温度差が小さい程、ガスを使わずに済みます。料理等で大量のお湯を使うとき、事前に水を汲んで日向に出しておき、温まった水を沸かすとガス代をかなり節約できます。

具体的には、ペットボトルなどに水を汲み、黒いビニールを被せてベランダ等の日当たりのよい場所に置きます。

◇ガスコンロの熱効率

ガスコンロには「空気量調節弁」なるものがあり、それをできるだけ絞ると熱効率が上がります。伝熱は温度差に比例します。そのため燃焼温度が高いほど伝熱性が改善し、調理の熱効率が上がりますから節ガスが可能です。

◇ガスコンロの火加減

調理時には「強火・中火・弱火」と火加減を調節しますが、一番効率が良いのは「中火」で、弱火が一番効率が悪いのです。事実、2リットルのお湯を沸かすコストは弱火4・2円、強火3・7円、中火3円、と中火が最もお得です。お湯を沸かすときは中火が基本です。強火ですと、ヤカンや鍋の底から火がはみ出てしまうからです。では、中火とはどのくらいでしょう?

それは、調理器具の底面から炎がはみ出さない程度の火です。はみ出した炎はほとんど役に立たず、ガスを余分に消費してしまいます。反対に、鍋底の一部しか熱していない場合(弱火)も非効率です。

◇ガスコンロの掃除をこまめに

コンロの火が出る部分の掃除をこまめにすると節約できます。やかんで1・8リットルのお水を沸かすとき、半分目詰まりしているとガス代は3・6円、目詰まりしていないときは3・4円です。1日に2回沸かす家では、1年で146円節約できます。家族が多い場合などはもっと大量に沸かしますから、さらに節約できるはずです。

◇省エネ・ガスコンロ

省エネ・ガスコンロというエコ製品を使うと、熱効率が、直径20㎝のなべで37％、25㎝で45％、30㎝で53％程度まで上昇します。一般的なコンロよりも、熱効率が20％以上も上昇するのです。ガスコンロの典型的な価格帯は2～5万円なのに対して、省エネガスコンロは5万円以上と割高です。しかし、熱効率は約20％高いので、年間で2千円程度の節約になります。10年で2万円前後になりますので、省エネガスコンロの投資回収期間は通常型に比べた場合（通常型との価格差を埋めるのに必要な期間は）約10年以上です。現在のガスコンロを更新する際に、購入を検討されるとよいでしょう。

◇再加熱を減らそう（電気共通）

冷めた料理を温めなおしていませんか？

例えば、家族の食事の時間帯がバラバラなため、「冷めたお味噌汁を温めなおす」という感じです。これだと、各自が食事をする際、何度も温めなおしてしまいます。そうならないためにはどうすればよいでしょう？　そうです。家族そろっての食事を心がけましょう！

◇料理は続けて（電気共通）

一つの鍋を火から降ろした後、次の鍋をすぐに載せることで、コンロ本体の温度を下げずに使用できるため、ガス代が節約できます。きちんと段取りをすると、時間まで短縮できます。

◇パスタをゆでるとき（電気共通）

パスタなどをゆでるときは、同時に野菜もゆでられます。あるいは、パスタをゆでた後でもゆでられます。ガスと水道代の節約になります。

◇野菜のゆで汁のリサイクル（電気共通）

野菜、またはパスタのゆで汁をそのまま捨てるのはもったいない！

何種類もの野菜をゆでるとき、匂いやあくの弱い野菜からゆでると、ゆで汁が何度も利用でき、水とガスの有効利用ができます。さらに、そのゆで汁で食器を洗うと汚れが落ちやすいので食器洗いにも使えます。また、1個のなべで2種類の野菜が同時にゆでられる『小分けストレーナー』というアイデア商品もあり、価格は約2千円です。

◇米のとぎ汁やパスタ・野菜のゆで汁（電気共通）

パスタや野菜のゆで汁や米のとぎ汁などは、他にも使い道があります。洗い桶に入れ、使い終わった調理器具や食器などをつけておけば、汚れが落ちやすくなり、洗剤や水道代を節約できます。特にうどんやパスタのゆで汁には、油分を分解する働きをもつでんぷんが豊富に含まれていて、オリーブ油などの頑固な油汚れもよく落ちるので、食器洗いに最適です。皿洗いのためのお湯を沸かす必要もなくなりますから節約につながります。これぞエコスパイラルですね。

◇食器洗いはゴム手袋で（電気共通）

水が冷たい季節の食器洗いには、ゴム手袋をはめて下さい。たったこれだけで、水の冷たさをさほど感じません。おまけに、洗剤での手荒れ（主婦湿疹など）も防げて一石二鳥です。ゴム手袋にかぶれてしまう方は、ゴム手袋の下にもう一枚薄手の綿の手袋をはめるとよいでしょう。

手袋をはめても水の冷たさが厳しい場合はお湯を使うこともあるでしょうが、温度が低ければ低いほど節エネです。20℃の水道水65リットルを使う場合、湯沸かし器の設定温度を40℃から38℃にすると、年間で約１３６０円ほど節約できます（１日２回、冷房期間を除く２５３日で計算。省エネルギーセンター『家庭の省エネ大事典』参照）。

◇グリルも効率よく

グリルで肉や魚を焼くときには、ホイルで包んだ付け合わせの野菜もいっしょに焼けば効率的です。加熱時間が異なる場合は、途中で取り出します。

両面グリルの活用法

両面焼きグリルは上下両面を一気に焼き上げるときに、速く、そしてキレイにできます。しかも、裏返すためにグリルを開閉する必要もないため、熱を逃がさず効率的に焼けます。片面焼きグリルより「時間・美味しさ・ガス代」の3拍子でお得になります。

また、グリルを利用すると例えば、冷凍グラタンを焼く場合、オーブントースターに比べて時間もお金も節約できるのです。

◇落としぶたの効用（電気共通）

麺類等をゆでるときの湯沸かしや煮物などの調理時は、落としぶた（アルミホイル・パラフィン紙でも代用可）が利用できます。通常より早く沸かせるので、ガス（や電気）の節約だけでなく、時間の短縮にもなり、一挙両得です。市販されている落としぶたには、サイズを変えられる（フリーサイズ）ものもあります。

また、煮物などに利用すると、味のしみ込みも早く、ガス代も半分以下におさえられます。この違いは大きいですね！

◇余熱を料理に利用（電気共通）

料理するときには、少し早めに火を止めて余熱も利用してからお皿に移します。

◇余熱を利用2（電気共通）

料理を煮込むときは鍋をまず新聞に、そして毛布にくるみ、発泡スチロールの容器に入れて余熱を利用します。この方法ですと、1時間後でも1度しか温度が下がりませんから、1時間煮込みたいときに必要だったガスを節約できます。

これが面倒と言う方には次の選択肢もあります。

◇鍋保温調理カバー（電気共通）

特に冬場においしい料理に、シチューやおでん、けんちん汁など、とろ火で長時間煮込むものがあります。このとき、よくよく考えると、鍋の温度をほぼ一定に維持できれば、加熱する必要はないのです。要するに保温さえできればよいのです。鍋保温調理カバーは、様々なメーカーが製品化していますが、これに煮立った鍋を入れておくと、保温熱で調理できます。鍋を丸ごと包み込むので、弱火で30分煮込むなどの料理でも電気・ガス代がかかりません。

この製品は多層構造で高い保温・断熱効果があります。また逆に保冷剤を入れると、保冷用としても使用でき、アウトドアで重宝します。折りたためますから簡単に収納ができます。価格は数千円です。

魔法瓶をお持ちの方は、特に冬場に、このカバーに入れておけば、保温時間が長くなるでしょう。

◇シャトルシェフ（電気共通）

「新聞＋毛布＋発泡スチロール」保温の原理や保温カバーをさらに追求したものがシャトルシェフ（保温調理器）です。名前は外国風ですが、国内企業であるサーモス株式会社が発明しました。魔法瓶と同じ原理で料理を保温します。

安いもので8000円程度、高いものだと2万円弱と高価ですが、かなり使えます。

内鍋をコンロで1度沸騰させ、あとは外鍋に入れて待つだけでカレー、豚汁、けんちん汁などのおいしい煮物ができる仕組みです。

しかも、長時間かけて料理するので、奥深くまで味が染み込みます。さらに、食材が型崩れしません。そしてもちろん、ガスの使用時間がわずかなのでガス代がかなり節約できます。ガス台の前に立つ時間、温めなおす時間も減り、またまたガス代が節約できます。火を使わずに安全に煮込んでいる間に、他の仕事や外出をして、時間の節約ができるのは貴重な長所です。

麺類も最初の1分ほどは火をつけたままですが、その後は火を止め、外鍋に入れて蓋をしておけばゆで上がります。

◇圧力鍋（電気共通）

圧力鍋という便利ツールもあります。

これは歴史も長く、1679年にフランスの物理学者パパンが発明し、世界で広く使われています。

パパンは蒸気機関の研究者としても知られています。圧力鍋は高圧で調理するので、味もよく染み込みます。また、圧力が高いと沸騰温度も高くなるので料理時間が3分の1から4分の1まで短くなります。

圧力鍋も高価ですが、シャトルシェフよりは少し安めで、代表的な価格帯は5千～2万円弱です。3万円前後の高級品もあります。

◇シャトルシェフと圧力鍋はどちらがお得？（電気共通）

さて、圧力鍋とシャトルシェフはどちらがお得でしょう。

比べてみるとそれぞれの特徴がわかります。

どちらも相補的でお互いの短所を補うものですから、両方使われている方も多いようです。

多忙で料理時間を節約したい方には圧力鍋、計画性があり、長時間火を使わずに煮込みながら、他の仕事をすることが好きな方にはシャトルシェフという薦め方ができるかもしれません。

圧力鍋の欠点は、ときどき分解掃除が必要で、料理の途中でふたを開けられないことがあります。

シャトルシェフの欠点はもちろん時間がかかることです。

◇節エネと健康によい鉄鍋（電気共通）

鉄鍋またはダッチオーブンは蓄熱に優れているため、煮物などに適しています。カレーなどはルーを入れたあと火を止めても結構ぐつぐつ煮込めますから、その分、早めに火を消せます。

また鉄鍋は、鉄分が自然に流出するので貧血の人には特にオススメです。鉄から溶け出る鉄分は、体への吸収が効率的です。鉄分を摂取するには、鉄釘を一緒に煮る方法などもあるそうです。すると、鉄分サプリ代も節約できます！

余談タイム：現代文明のここが変

21世紀の最先端技術などと言いながら、私たちの現代文明はまだまだ未熟です。それは夏の台所を見るとよくわかります。少し前述しましたが、夕方と言えども屋外はうだるような暑さです。それなのに台所の隅に置かれた冷蔵庫は、その背面から大量の熱を放出しており、熱発生機です。庫内では熱が吸収されているため冷えますが、全体的には発生される熱の方がはるかに多いのです。照明も実質的には熱発生機で、電気の8～9割が熱に変わり、光になるのはごくわずかです。実質、熱だらけです。これらが台所をますます暑くする一因です。

料理を始めると、ガスコンロや電気炊飯器から熱が出て、さらに台所を暑くします。

通常はガスコンロの真上にある換気扇を適切に利用して、熱い湯気やガスの余熱を室外に出しましょう。

それでも余熱が室内にこもります。冷蔵庫や照明からの放熱、ガスコンロや料理からの余熱等がますます台所を暑くしますから、夕食の準備は大変です。大変さを減らすためにエアコンが出動して無駄な余熱の分まで強力に冷房します。ただでさえ高い冷房費が、余熱の分だけますます高くなります。冬場なら、そのような無駄な熱は暖房になりますから問題ないのですけどね。実はエアコンも冷蔵庫と同じ仕組みで、室内は涼しくなりますが、冷房分以上の熱が室外機から屋外に放たれますから、実質的には熱発生機です。

さて、ガスコンロの代わりにＩＨ電磁調理器を利用すると、周囲の空気をそれほど暖めませんから改善できますが、今度はＩＨ調理器の電磁波の問題が浮上しかねません。

21世紀の台所も、まだまだ改善点が山積した状態です。どなたか名案ないですか？

（2）お風呂でできる節約

１日の疲れをジワーッと癒してくれる楽しいお風呂。特に冬には、お風呂に浸かってゆったりできる時間は格別です。一般家庭で、最もガス（電気）をまとめて消費するのはお風呂でしょう。２００リットル前後もの大量の水をお湯にするからです。これには膨大なエネルギーが必要です。次のクイズで想像してみましょう。

いま1グラムの水を1度温度上昇させられるエネルギーを用いて、その水を持ち上げるとすると、どれだけ高く上がるでしょう？　その答えは何と４３０メートルで、東京タワーより１００メートルも高いのです。冬季のお風呂は1グラムどころか２００キロの水を、１度どころか30度も温度上昇させますから、膨大なエネルギーを消費します。というわけで、お風呂は節ガスの最重要地点ですから、ぜひ気合いを入れましょう。節約術もいろいろあります。以下の（電気共通）とあるのは、電気給湯式の場合にも有効という意味です。

◇給湯器の利用の促進（電気共通）

お風呂の容積が200リットルの場合、給湯器を使うと、追い焚き機能で水から沸かすよりも4〜9円程ガス代が安いそうです。1年で、約1500〜3200円節約できます。

◇お湯を無理なく減らしてみよう（電気共通）

浴槽にためるお湯の量を無理のない範囲で減らしましょう。最初は5パーセントから始め、どこまで減らせるか試してみましょう。すると、ガス代だけでなく、水道代まで節約できます。

◇お湯を沸かす時間（電気共通）

お湯を沸かす時間は、家族の入浴時間に合わせます。入浴時間が合わないと、冷めたお風呂を追い焚きするため無駄なエネルギーを使います。

◇お風呂に入るときは間を開けずに（電気共通）

お風呂が沸きあがったら、間をあけずに家族でどんどん入りましょう。つまり、お湯が冷めないうちに次々と入浴するのです。すると、再加熱の回数も、上昇させる水の温度差も減らせますから、ガス代を節約できます。できれば、家族一緒に入るとコミュニケーションも深まります。

◇お風呂に入ったら（電気共通）

次に入るまでに時間が空く場合は、浴槽のふたを閉めましょう。ふたをせず、そのままにしておくと、お湯の温度が下がるのがかなり速まります。

髪や身体を洗う時は湯船のお湯をできるだけ利用し、なるべくシャワーを使わないようにします。

◇100円ショップのアルミ保温シートはお得（電気共通）

家族の入浴時間がずれてしまい、お湯の温度が下がって、追い焚きすることもあるでしょう。追い焚きには1分で約3円必要です。例えば、一人が入浴後に2時間放置したため4・5℃下がってしまったお湯（200リットル）を1日1回追い焚きする場合としない場合とで比較すると、年間約5920円も差が出るほどです（省エネルギーセンター『家庭の省エネ大事典』）。そんなときにもってこいの優れものが、100円ショップで手に入るアルミ保温シートです。

シートの銀色の面を下に向けてお湯に浮かべておくと、追い焚きに必要な時間をかなり短縮できるのです。このシートの活躍の場は色々あります。電気カーペットやコタツ、そして敷布団の下などに敷けば暖房効率がかなりアップしますからご利用下さい。

◇風呂湯の保温器は使える（電気共通）

それと、なんとお湯の保温器までが売り出されています。

風呂湯保温器には2種類あります。ポピュラーなものは、電子レンジで温めれば、お風呂のお湯を5～6時間も適温に保てて、追い焚きが不要になるとされているもので、価格は4千～8千円で、耐用回数は700回です。

裏技美技：お湯を保温した後、寝床に運べば湯たんぽとしても使えますから便利です。電気コタツに入れて電気を切っておくこともできますね。こうして使えば、すぐに投資回収できそうです。

裏技美技2：この保温器をアルミ保温シートと組み合わせれば、追い焚き要らずで心強い味方になりそうです。

もう一つの電気式のものは、ヒーターでお湯を加熱します。典型的な価格は3万円前後ですが、このタイプのものは、追い焚きできない風呂用です。先の大震災の被災地で、ガスが開通しないためにお風呂に入れない被災者の方が多数おられましたが、これを使えば入浴できましたね。実際に、そのように利用した方もおられたようです。

◇高効率ガス給湯器

従来のガス給湯器でお湯を加熱するときに、無駄に外部に逃がしていた排気熱を再利用することで、給湯器の熱効率が0・8から0・95まで上昇します。この原理でガス加熱するのが『エコジョーズ』などの高効率ガス給湯器です。従来よりも効率が2割程度アップしますから効果大です。年間ガス代が10万の場合、7万円前後が給湯費になると思われます。これが15%改善すると、年間およそ1万2千円節約できることになります。価格的にも通常の給湯器と同程度ですから、お使いの給湯器が古くなったら高効率機に買い換えましょう。

◇太陽熱給湯器（電気共通）

最近は、安価な夜間電力を利用した電気式の給湯器が流行っていますが、前述のように、私は避けています。そう、夜間電力はほぼ原子力発電により供給されるからです。電気式給湯器の導入は、すなわち原発推進派になることを意味します。

原子力はCO_2を発生させないと宣伝されていますが、発電所の建設時や放射性廃棄物処理時には発生します。なにより、我が国の放射性廃棄物処理システムは未完成なので、我が国の原発は『トイレのないマンション』と揶揄されることもあります（放射性廃棄物処理については後述します）。

また、原発の発電コスト計算は作為的で、放射性廃棄物の処理費用や原発の受け入れ自治体への交付金は含まれていません。おまけに、原発の寿命が来たら、巨大な原発自体が放射性廃棄物になりますが、その莫大な処理コストも含まれていません。そして、コスト計算のベースには稼働率80パーセントが想定されているのに、震災前の実情は60パーセント程度です。さらに、原発事故の補償費用も今後の電力料金に加算されますから、どこまでコストが膨らむか不明ですが、少なくとも原発の発電コストは火力のそれを上回るでしょう。また、地震・津波災害に対する原発のぜい弱性はすでに証明されました。

そんな怪しい原発ですが、それを広めたい企業により推進されているのが、エコキュートなどの電気式給湯器なのです。ですから私は、震災前から安価というだけでエコキュートを採用することはなく、日常はガス給湯を使い、さらに子供時代の実家に備えられていて、現在ははるかに進化したと思われた太陽熱給湯器を導入しました。

さて、先述のように、拙宅の屋根の傾斜は45度ですが、太陽熱給湯器のパネルも、太陽光発電機と同様に、屋根に平行に設置しました。個人的にはこの程度の急傾斜は太陽光利用に適していると考えています。なぜなら、冬季の太陽光は給湯器パネル（または発電機）の傾斜が大きいほど、より垂直に近い角度で入射するため吸収効率が上がるのです。さらに、冬季の水道水は低温のため、風呂などに利用するには、他の季節よりも大量のエネルギーが必要です。例えば、冬季の水道水温は摂氏5～10度で、風呂の水温は42度程度のため、水温を35度前後上昇させなければなりません。夏場は、水道水温は20～25度なので、20度程度の加熱でＯＫです。ですから、冬季に太陽光を効率的に利用できるシステムが好ましいのです。そのため、傾斜角45度は最適ではないものの、かなり好都合と思っています。

実際は、太陽光発電機の設置直前の、２０１０年3月中旬に太陽熱給湯器を設置したのですが、施工業者の手違いで、その後4カ月も使えない状態が続きました。実際に稼働したのは8月になっ

図3-4　ガスをエコスパイラル

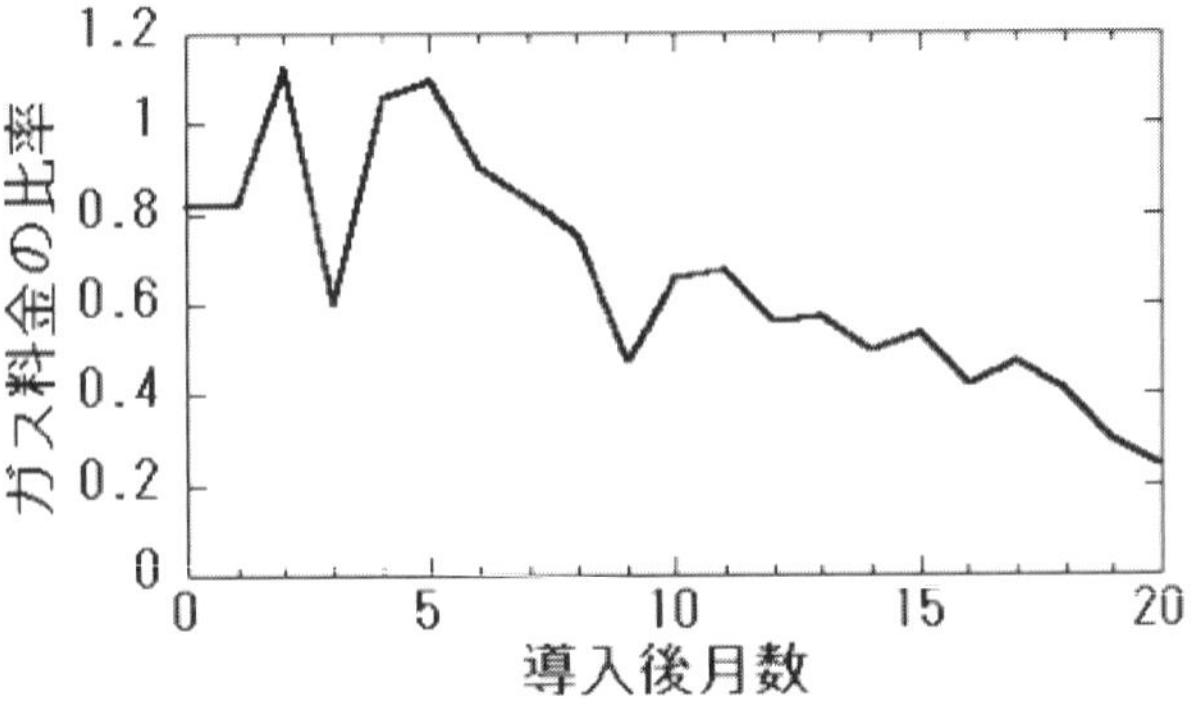

てからです。予め施工業者の評判をネットなどで確かめなかった私の落ち度でした。稼働後はガス料金の支払いが一気に減ったと書きたいのですが、あまり変化がありませんでした！

そこで、業を煮やした私は施工業者と渡り合い、断固改善を要求しました。改善状況をグラフ表示しましたので、ご覧下さい。図には、導入前の2年間の各月の平均ガス料金を1として、導入後のガス料金を月別にプロットしました。導入直後は、ガス料金の比率がときどき1を超えており（導入後2、4、5カ月目）、むしろガス料金が増加したことがわかります。しかし、導入後9カ月目の改修以降は比較的好成績を示すようになり、現在も改善中ですが、平均するとガス料金はかつての半分以下になりました。

また、数カ月前に導入した節水シャワーヘッド（後述）の効果も出ているようで、至近の比率は0・24、つまり76％減までになっています。右肩上がりの逆である右肩下がりのグラフがこんなに嬉しいことは滅多にありません。

ところで、２００９年２月にエネルギー経済統計要覧の

表3-9　世帯あたりの電気・ガス・灯油年間消費量全国水準値

エネルギー種・年度	2007年度（暫定）	2006年度（確定）	2004年度（確定）	単位
ガス（都市ガス13A換算）	304	305	328	m^3/年/世帯
ガス（LPガス換算）	123	124	122	m^3/年/世帯
灯油	268	281	296	L/年/世帯

２００９年版が発行されました。２００７年度の暫定値、２００６年度の確定値も示されています。これからガス使用量の全国平均値が分かりますから、我が家と比べてみましょう。

　我が家のガスは集中プロパン（ＬＰガス）です。ガスの使用状況は、２００８年、２００９年、２０１０年と、２２０・３（１８・４）m^3、２１３（１７・７）m^3、１８７（１５・６）m^3と年々節エネ傾向にあります（カッコ内は月平均値）。我が家の台所ではＩＨ調理器を使っていますから、ガスは給湯目的に限られています。しかも、最近は太陽熱給湯器まで導入したにもかかわらず、全国平均の１２３m^3／年／世帯よりかなり多いのは由々しい問題です。いったい何が原因なのでしょう？

　問題点は後述しますが、とにかく２０１０年の数値には３月下旬に導入した太陽熱給湯器の効果が薄々ながら観察できます。太陽熱給湯器は２０１１年１月から遅ればせながら本格稼働しました。その後、現在に至るまでガス消費量の月平均値は９・５m^3と２０１０年より大幅に改善しています。１年間では１１４m^3ですから、ようやく全国平均を下回りました！　昨年の同時期に比べて23％も改善しています。そして、３年前と比べると実に半減です！

我が家でガスを多めに使っていた原因は、全国平均より寒冷な北関東という土地柄と分析しています。現に、我が家の10月のガス使用量は、暑い9月より約5㎥／月も増加しており、ガス使用量が気温に敏感であることが分かります。実は東京の1月の平均気温は5・8度で、宇都宮は2・1度です。同じ関東地方とは言え、1月の宇都宮は東京より3・7度も寒いのです。ですから、ガスの使用量が全国平均より多くても当然です。ホッ。しかし、IH電磁調理器を使用している我が家では、ガスを使うのは給湯だけですから、それにしては多すぎかもしれません。今後も注視したいと思っています。

太陽熱給湯器の導入、そして改善後、グラフに示したように、ガス代は7割以上も減っています。しかし、予想投資回収期間は太陽光発電機より長めの16年です。5年程度で回収できると期待していたので残念です。最も安価な機種なら、5年程度で回収できるものと思われますが、ログハウスの屋根には重すぎて、断念せざるを得ませんでした。読者の皆さまは、業者と機種の選定にご注意されますよう。

(3) 住宅選びのポイントの一つ

住宅を選ぶときは、なるべく都市ガスが利用できる物件がよいでしょう。プロパンガスは高くつくからです（一般に、都市ガス付き物件の方が住宅購入費は高いでしょうけれど長い目で見ればお得かもしれません）。プロパンガスの値段は、業者の都合で決まりがちです。ですから、自宅のプロパン価格が高いかどうかを常に監視する必要があります。

インターネットの『一般社団法人ガス料金消費者協会』のサイトで、自宅のガス料金を入力すると判定してもらえます。高いと判定されたら、その判定結果を業者に示して交渉して下さい。値引きを断られたら、業者を変更すればよいだけです。

拙宅も都市ガスではなく、集中プロパン方式ですが、このサイトでは適正価格と判定されました。しかし、浪費した覚えはないのに年間10万円ほどもガス料金がかかっていたので、何か変だと違和感を感じています。

5　節水スパイラル

水は生命の母と呼ばれるくらいですから、水の大切さは言うに及ばないでしょう。いくら水が豊かであっても、決して慣用句の『湯水のように』使ってはいけません。日本では江戸にはすでに上水道がありましたが、市民は当時、世界的にも珍しかった清潔な上水道に誇りをもち、それは大切に使っていました。中近東で「水を使うように」とは、大切に使うという意味だそうです。その心構えを持ち続けることこそが節水スパイラルの第一歩です。

（1）全体的な節水戦略

水道代も料金明細書にも書かれているように従量制で、使えば使うほど「単価」が高くなります。この性質は電気料金と同じです。例えば東京都の場合、1立方メートル当たりの水道料金は単価と基本料金の組み合わせから成り立っています。

この単価をグラフ表示すると、図3―5のようになります。

月々の使用量を10m^3以下に抑えると格段に安いことに注意しましょう。最初の5m^3は0円ですが、次の5m^3は22×5＝110円になります。そして、10m^3を超えると、1m^3でも128円と、先ほどの5m^3の値段を超え、1m^3当たりの値段が約6倍に跳ね上がります！

図にも示されていますが、ここが最大の上昇ポイントです。どうしても10m^3の壁を超えてしまう場合、今度は20m^3を超えないように気をつけましょう。なぜならそこにも上昇ポイントがあるからです。使えば使うほど高くなるということは、節約すれば節約するほど安くなるのと同義です。

次の図3―6は、毎月の上水道使用量毎に変化する水道料金をグラフ化したものです。水道単価はグラフの曲線部の傾きに大きく関係しています。水道料金の算出には、基本料金や下水道料金、消費税も加えられますが、上水を使えば使うほど曲線部の傾きが大きく

表3-10　東京都の水道料金

使用量[m^3]	料金
１～　５	０円
６～１０	２２円
１１～２０	１２８円
２１～３０	１６３円
３１～５０	２１０円

図3-5　東京都の水道水単価

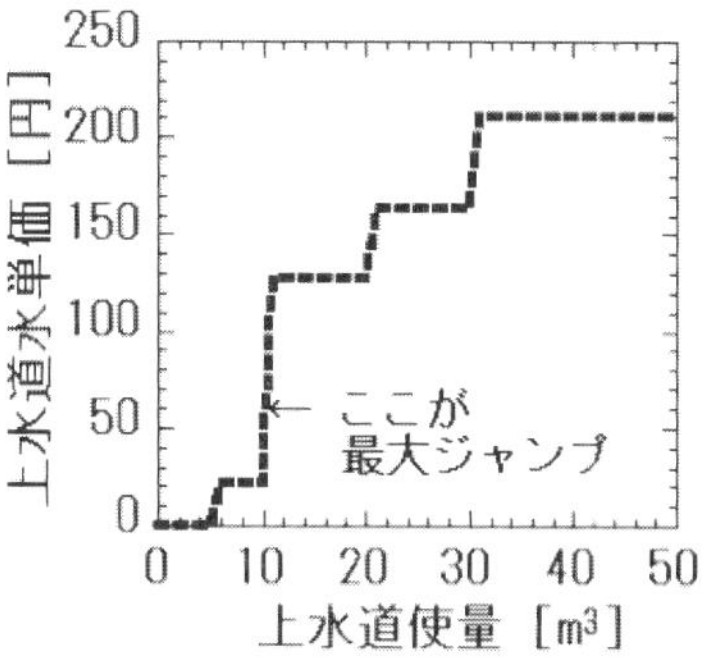

図3-6　東京都の上下水道料金

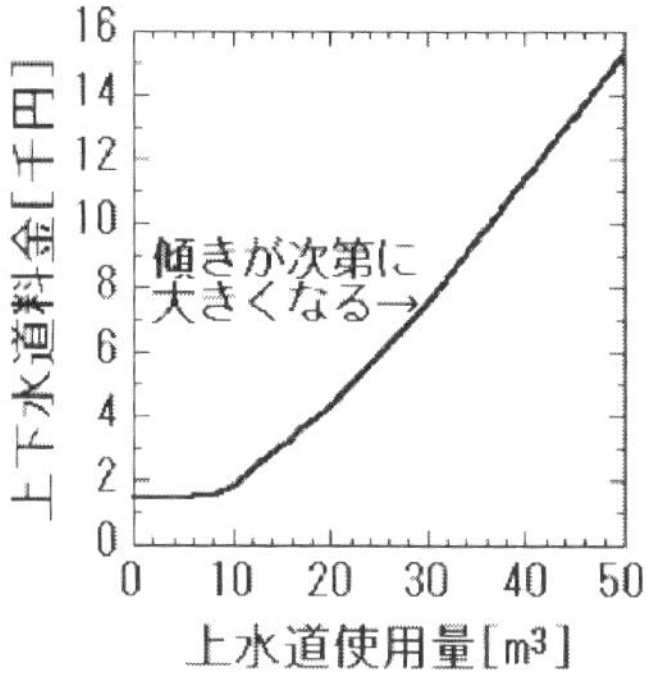

なり、料金がうなぎ上りになることがよく分かります。

重要ポイントは、上水道の使用量が10㎥を超えなければ料金が大幅に安くなることです。これで、皆さんも節水に対するモチベーションが湧いてきたことでしょう。

さて、家庭内で最も水を使う順番はトイレ、入浴、炊事、洗濯ですが、まずお風呂以外の全体的な節水術から紹介します。

◇家全体の水圧を落とす

最も簡単で効果的な節水方法は、家中の水圧を少し落とすことです。そのためには、各家庭の水道メーターの近くにあるメインバルブを少し締めます。すると、家中のすべての蛇口から出る水量が減りますから、意識せずとも節水できるのです。シャワーの勢いも若干落ちるでしょうが、気付かない程度でしょう。

◇節水コマ

ゴムや樹脂でできた節水コマを蛇口に組み込むと、蛇口を少し開いたときに出る水量が5～10%ほど減少します（全開にしたときの水量は変わりません）。

節水コマはすべての蛇口に挿入できますから、家全体で節水できます。長所は、その安さ。自治体によっては水道局が無料配布しています。ホームセンターやインターネットでも単価100円前後から売られています。

◇節水アダプター（節水泡沫器）

蛇口に取り付けられる節水アダプターは、微細な空気泡沫を水道水に送り込み、水の量感を増加させるものです。価格は1千〜4千円と手ごろです。メーカーは、3人家族で年3500円前後節約でき、家族が1人増える毎に、さらに年2千円程度も節約できると宣伝しています。話半分としても投資回収期間は1年ですから、優秀な節水器具です。

裏技美技：節水コマと節水アダプターを組み合わせれば効果がさらに上がるでしょう。

◇自動水栓

自動水栓とは赤外線センサーにより、蛇口付近に物体（通常は差し出された手）があるときだけ水を出す装置です。お店など、不特定多数の人が出入りするトイレでは、自動水栓は非常に有効です。では家庭ではどうでしょう？ 家庭用の蛇口に直接取り付けられる自動水栓が販売されています（商品名：らくらく自動水栓ピタップ）。洗面所で顔を洗うときには特に役立つことでしょう。また、台所でのお皿洗いやお風呂にも使えそうですね。メーカーの試算によると、4人家族で年間16トンも節約できるそうです。1トン当たりの水道量を150円とすると、年間2400円の削減です。価格は9千円弱ですから、4年足らずで回収できます。半分程度の効果でも7・5年ですから、導入を検討する価値はあるでしょう。もちろん大家族の方が有利です。

(2)トイレでの節水

家庭の生活用水はおよそ240リットル/日です。内訳は、トイレ約28%、風呂24%、台所23%、洗濯17%なので、この順番に節水を検討してみましょう。

馬鹿にならないのがトイレで、1回あたり10リットルの水を流すとすると、この水量たるや実に2リットル入りペットボトル5本分もあるのです。1人が1日5回使うなら、家族4人で1日20回流します。すると、200リットルとなって、お風呂の水量と同程度になります。トイレは言わば節水の拠点です。気をつけないといけません。

◇大小レバーの使いわけ

簡単にできることは『モッタイナイ』を世界に広めた立役者、今は亡きノーベル平和賞受賞者ワンガリ・マータイさんが驚いた日本の独自技術、トイレの大小レバーを使い分けることです。小用を済ませた後は、小レバーを使いましょう。小用の回数の方が圧倒的に多いですから、かなりの節約になるはずです。これは自宅外でもお勧めです。

◇節水トイレ

最近のトイレの進化はものすごく、使用水量も1回当たり15リットルからわずか5リットル前後まで減ってきました。しかし、節電のセクションで学んだように、ウォシュレットは電気代がかなりかかりますので、ご注意をお願いします。

練習問題：お宅のトイレでは1回あたり何リットルの水が流れるでしょう？　トイレの水槽の容積から計算してみて下さい。物差しで縦横高さを測って掛け合わせ、それを1000で割ると答えが出ます。高さは、水が入っているところまでを測って下さい。

例：（15㎝×30㎝×40㎝）÷1000＝18000cc÷1000＝18リットル

応用問題：この数字にご家族のトイレ使用回数を掛けて、1か月の水量を算出し、水道料金を求めて下さい。節水トイレに買い換えた場合はどれだけ節約できるでしょう？　節水トイレの価格が5万円のとき、投資回収年数は何年でしょう？

（3）お風呂での節水

お風呂は節水の第2の拠点です。特に冬のお風呂は幸せですが、夏でもお風呂は癒しの場ですね。

居心地がよいあまり、つい長居して、ガスや水を使い過ぎてはいないでしょうか？　いよいよ、節エネの最重要ポイントの一つであるお風呂に切り込みます。

◇シャワーは短めに

シャワーに使う水量は1分間に約12リットルです。10分でおよそ120リットル。湯船が6、7割がた埋まります。シャワーの勢いを弱めずに水量を絞るには、節水シャワーヘッドが有効ですが、時間を短縮することも大切です。単身者でも、シャワーを出す時間が15分を超えるようならのんびりお風呂にした方がお得なこともありますから要注意です。

また、洗髪時や体を洗うときに、シャワーを出しっぱなしにしていませんか？　洗っている間はシャワーを止めるよう習慣づければ、ガス代だけでなく水道代もかなり節約できます。

どれくらいの節約になるのでしょう？　シャワーの時間を1分短くするだけでガス代を3、4円節約できます。これに水道代を足すと5円の節約。家族4人として、1人1分短くするだけでガス代と水道代を合わせて年間7300円の節約になります。

家族2人なら、お風呂よりも、1人8分以下の短めのシャワーにした方がガス代も水道代も節約できます。

◇夏のお風呂の節水術

夏などは、半身浴のつもりでお風呂のお湯を半分にして節約できます。

◇湯船のお湯を活用しよう

洗髪や身体洗いにシャワーを使わず、湯船のお湯を使う方が、より良い節水術です。それほど遠くない昔、日本人は皆、こうしていました。シャワーですと、出し始めの数十秒間、冷たい水しか出ませんから無駄になります。湯船のお湯ならその問題がありません。ただし、この手法を妻に勧めたところ断られましたから、万人にできるテクニックではないようです。気合いマン専用かもしれません。

◇湯船のお湯を活用しよう2

残り湯は洗濯に流用すべき（後述します）ですが、それですべて（約200リットル）を使い切ることもないでしょうから、100リットルは洗濯に利用するとして、残りは浴槽内にそのままに残しておき、半分だけ新しいお湯を足して再び入浴することもできます。

◇湯船のお湯を活用しよう3

残り湯を洗濯にリユースする前にもう一工夫できます。

入浴後、湯船に、花王が販売している「風呂水ワンダー」などの浄水剤を投入すれば、残り湯の雑菌の繁殖が抑えられ、ぬめりや臭いを防止できますから、翌日も沸かして、また入浴できます。その後に洗濯に再利用すれば、さながら節水の達人ですね。節水が必要な時期にお勧めです。

◇湯船のお湯を活用しよう4

残り湯は、庭や菜園の散水や観葉植物への水やり、洗車、床掃除などにも使えます。

◇1日おきの入浴

冬の間は汗をかくこともあまりありませんから、比較的身体も清潔です。ですから、毎日入浴することもないでしょう。すると、水はもちろん、ガス（や電気）もかなり節約できます。

◇節水シャワーヘッドの利用

シャワーをいちいち止めるのが面倒な方、勢いのないシャワーがいやな方は、手元止水スイッチ付きの節水シャワーヘッドを利用すると便利です。ヘッドだけのものと1・6メートルのホース付きのものがあります。我が家でも最近、価格2500円のものを購入して重宝しています。手元に付けられた止水スイッチで、身体や髪を洗っている間、手軽に水を止められ、無駄な流水を防げます。

また、我が家の浴室の水道は低水圧なので、シャワーの勢いを増大させる機能があるものを選びました（妻が強めのシャワーを好みます）。したがって、少ない水量でも強い水勢が得られますから、水道代だけでなくガス代まで節約できます。しかも、マッサージ機能まで付いています。

節水シャワーヘッドは２０００～１万円しますが、低水圧用のものは出水孔を細くすることで水圧を増加させ、勢いよく水が出るように工夫されています。その分、水の使用量が減るわけです。さらに、止水スイッチがシャワーヘッドの首付近にあるタイプですと、両手で洗髪するようなときに、簡単に止水できます。

メーカーの説明には50パーセントもの節水効果があると書かれているものがありますが、利用者の口コミを見ますと、少々誇張されているようです。他方、わざわざ節水シャワーヘッドを買わなくとも、水勢を弱めたり、水が不要なときは止めたり、それが面倒なときは、シャワーから出る水を湯船に溜めて、洗濯に使ったりという工夫もできます。

(4) 台所での節水

さて、次なる第３の拠点は家庭で水の４分の１を使う台所です。

◇飲料水の節約

水道水はカルキの味がするという理由で、わざわざミネラルウォーターを買っている方が多数います。最近はスーパーでアルカリイオン水をただでもらえる所があります。お店によっては、カード会員になることを求められますが、入会費や年会費は無料ですから、これだけで大きな節約になるはずです。

◇台所の節水

食器は大きめの洗い桶に入れてため洗いしましょう。水を5分間流しっぱなしにすれば約60リットル、10分間なら120リットルにもなります。

また、あらかじめ食器を水につけておくと、洗う際に汚れがさっと取れ、水道代・洗剤ともに節約できます。油汚れが多いお皿の場合、浸け置きする水に数滴の洗剤を混ぜておくとさらに効果がアップします。また、先述のように米のとぎ汁や野菜のゆで汁がリユースできます。

◇食器洗浄機

食器洗浄機は節水器具と思われがちです。しかし、水は節約できるとしても電気は余分に使いますから総合的にはどうでしょう? 省エネルギーセンターの調査によると、食器洗浄機は、一度に洗う皿の数が45点以上ないと省エネにはならないそうです。家族数が4人以上で、お皿をまとめ洗いするような家庭では省エネになります。もちろん、溜め洗いが面倒という場合にも省エネになるでしょう。

（5）洗濯での節水

最後が洗濯における節水です。

◇使えるバスポンプ

風呂の残り湯（通常200リットル弱）を洗濯に再利用することは、数ある節約・節エネ手法の中でもベストの一つになります。しかし、風呂水をいちいちバケツで汲み出すと腰痛になりかねません。そんなときに便利なのが電気式ポンプ（例：エコバスポンプ）で、値段も3千〜7千円とお得です（洗濯機の機種によっては、バスポンプが付いています）。1回の洗濯に100リットルは使いますから、年間1万円相当の水量です。ポンプを購入しても、1年以内に回収できます！　こんな節エネグッズは滅多にお目にかかれません。お湯に入浴剤などが入っていて変色していても、匂いが付いていていても問題ないようです。節水効果がすぐに目に見えることでしょう。

◇洗濯機の節水：ためすすぎはお得

洗濯のすすぎには、注水すすぎ1回よりも、ためすすぎ2回のほうが節水になります。

また、テクニックとしてジーンズのような重いものを底に入れ、順次軽いものにしておくと洗浄力がアップします。

そして、買い換え時には節水型の洗濯機を選びましょう。

◇洗濯機の節水2：洗濯はまとめて

洗濯はまとめてやりましょう。電気代を年に何千円も節約でき、節水もできます。

(6) バラ色の節水5カ年計画はいかが？　節水器具の導入で節水エコスパイラル

本書を読むような方なら、すでに節水をかなり意識されていることでしょう。我が国は水資源に恵まれているように見えますが、大切な水を浪費することは避けたいものです。例えば、水道水は、水道設備の敷設や維持、浄水場での浄化、ポンプでの水の搬送、下水処理の際のエネルギーの消費を伴いますから、それほど多くないとは言え、CO_2を排出します。お湯を使うと、さらに熱エネルギーが加わりますから、CO_2の排出量はなおさら増えます。我が国の水資源は表面的には豊かですが、国土の7割を占める山岳地帯に降った雨が高速で海まで下るため、降水を利用することが比較的困難で、世界的にみるとそれほど豊かではないようです。

具体的に、表3―11にあるような節水の工夫をすれば、これまで全然節水していない標準家庭では、下水道代も含めて年間5万円前後も節約することが可能です。

バスポンプの利用は洗濯をする日に限られますから、5日に2回洗濯をする前提で算出しました。この表を参考にして節水を楽しんで下さい。

表3-11　様々な節水術とその効果

場所	節水術	無駄術	節水量［リットル］	節約額［円］
台所	食器の溜め洗い	10分間流し放し	８０	２００００
	＜節水コマ＞		８０	２００００
	＜自動水栓＞		１０	５０００
風呂	シャワーを小まめに	10分間流し放し	１００	２５０００
	〈節水シャワーヘッド〉	同上	１００	２５０００
	＜バスポンプ＞	利用せずに捨てる	１００	１００００*
洗面所	洗面時に水を溜める	1分間流し放し	１０	５０００
	歯磨き時にコップに水をくむ	同上	１０	５０００
トイレ	大小レバー利用	小レバー不使用	２	２０００
その他	洗車時にバケツ利用	流し放し	６０	３００

参考文献　TOTO HP　http://www.toto.co.jp/index.htm

表にも出ていますが、節水コマや節水シャワーヘッドのような高い効果が期待できる節水器具があります。また、水周りの器具を節水型に替えると、ガス使用量も減少し、住宅の水周りのCO_2排出量を3分の1ほど減らせるようです。

節水型器具には、ここまで学んだように、蛇口内に挿入する節水コマ、蛇口に設置する節水アダプターと自動水栓、お風呂で使う節水シャワーヘッドやバスポンプ、そして節水トイレ、節水型洗濯機、食器洗浄機等があります。

そこで、こんなバラ色の計画はどうでしょう？　太陽光発電機や太陽熱給湯器は高くて今は無理だという方には特にお勧めです。この方法で節水エコスパイラルを実感して下さい。

まず、上記の無料でできる節水術を試してお金を節約し、『節水貯金』をします。節水術のすべてを完ぺきに実行することは難しいでしょうし、本書

表3-12　家族数毎の平均的な使用水量

世帯人員	1人	2人	3人	4人	5人	6人以上
使用水量（m^3/世帯・月）	7.8	16.2	21.6	26.3	30.6	35.6

（東京都水道局 平成18年度 生活用水実態調査）

の読者の方ならすでに幾つかは実行されているでしょうから、節水効果は毎年5千円前後でしょうか。

最初に安価な節水コマ、節水シャワーヘッド、バスポンプを買いましょう。これらを導入すると、総合効果で初年度から2万円前後は節約できるでしょう。すると、1年後は節水アダプターと自動水栓が手に入ります。その1・5年後には合計4万円程度の資金が貯まります。従って、節水型洗濯機（4万円弱〜）、節水トイレ（5万円強〜）、食器洗浄機（4万円弱〜）のどれかを導入できます。これらは比較的高価ですが、導入すれば確実に水道代が節約できますので、順次購入できる仕組みです。本当にエコスパイラルですね。

投資回収後はどうなるでしょう？

節水で得た利益は丸々懐に入ります。それで海外旅行をします？　いえいえ、一度入ったらエコスパイラルの世界からは脱けられません！　その快楽に酔いしれてしまうからです。そこで、他の節エネで得た利益と合わせて、より高価な節エネ設備を購入するのです。たとえば、太陽熱給湯器、太陽光発電機、ハイブリッドカー等にも発展させられます。地球に優しいことは自分にも優しいのです。だから節エネは止められません。ぜひ、あなたの新しい趣味にして下さい。

図3-7　我が家の上水道水使用量（m³/月）

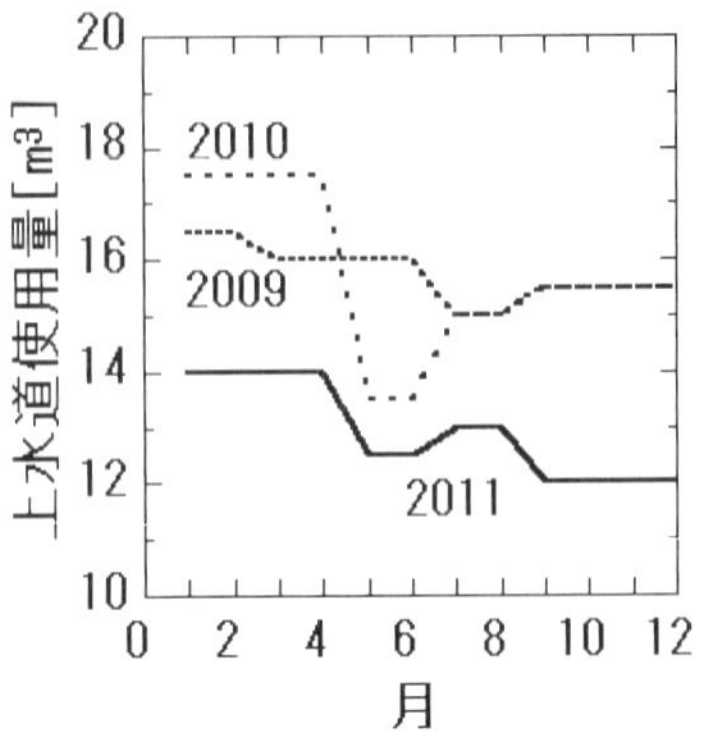

我が家の水道水の2か月毎の使用状況を図3―7にグラフ表示しました。

比較対象の一般的な水道水使用量は、東京都水道局のサイトに載っています。

この表で、平均的な2人家族の使用水量は1人当たり月々平均16・2m³です。拙宅では図3―7に示されているように、最初は無駄遣いが目立っていたものの、使用量が年々減少してきて、特に2011年は順調に低下しています。中でも熱いお湯がすぐに出る太陽熱給湯器の効果が大きいようです。1年前に導入した浄水器に付いている泡沫器効果と、さらに昨6月に購入した節水シャワーヘッドのため、最近の水量は12・5～13・0m³／月です。これは標準世帯より約21％低い量です。2011年の平均値は毎月13・8m³と、こちらも標準世帯より約15パーセント低めです。しかし、我が家は水洗トイレではないのに平均値を下回ることとわずか15％とは、まだどこかに水の浪費があるのでしょう。今後の課題です。

6　我が家のエコスパイラルの進行状況と『見える化』の大切さ

表3-13　我が家の光熱水費と使用料の各削減率

種類	08～09 年 年平均料金	08～09 年 合計使用量	最近 1 年 合計料金	最近 1 年 合計使用量	料金 削減率	使用量 削減率
電気料金	101482 円	4237kWh	－27470 円	760 kWh	127%	82%
ガス料金	99810 円	216.2 m3	46441 円	94.9 m3	53%	56%
水道料金	50210 円	200 m3	39972 円	152 m3	20%	24%

ここで、我が家の最近1年（２０１１年）の年間光熱水費および同使用量が２００８～２００９年の各平均値に比較して、どれだけ削減されたかを表３―13にまとめてみます。

電気料金の削減率は実に１２６％と、１００％を超える大きなものになり、黒字化しています。この1年の料金が負の値になっているのは、電力会社への売電収入の大きさを示します。消費電力量の削減率も81％と、かなり大きくなりました。貢献度が高いと思われる、我が家の太陽光発電機は２・７３ｋＷの発電能力なので、３・５ｋＷのものなら電力は自給可能でしょう。

次にガス料金ですが、ガス使用量と共に50％削減できています。そして、水道料金は下水道も含むものですが、17％削減でき、上水道使用量は20％削減されています。

結果的に、08～09年の平均光熱水費は25万２３２２円／年でしたが、この1年の光熱水費は６万５６１６円／年で、08～09年に比べると結果的に18万６７０６円節約できています。削減率74％です。大きく削減できました。

しかし、このデータから推測すると、ガスや、特に水道にはまだ削減余地が残されています。また、5章に紹介する食生活のエコスパイラルと組み合わせると、節約額を倍以上、つまり年間35万円以上にすることも可能です。

そして、太陽光発電機の導入により、電気料金を100％を超えて削減できる重要ポイントを今さらながら再確認しましょう。

『見える化』を進めることもとても大切！

最後に、『見える化』について一言述べておきます。繰り返しになりますが、光熱水費等を毎月、表やグラフでご家族全員に見やすいように示し、壁に貼ってデモンストレーションすることが非常に重要です。そして、具体的な目標も示しましょう。すると、ご家族が目標と現実間の差や、エコ収入の現状に気付き、やる気を出してくれます。むしろ、あなたがご家族に励まされるかもしれませんから楽しみですね。このようにすると、子供たちにもゲーム感覚でエコ活動ができます。計算は、お子さんに担当してもらってもいいですね。節エネ・エコ生活が家族共通の話題になり、ご家族の絆の強化につながれば本当に喜ばしい限りです。

余談タイム：究極の節エネ

1970年代のこと。とあるコンサルタント企業で働く女性科学者が地球の将来を心配していました。彼女はエネルギー産業への科学アドバイザーとして働いていました。同時に、IQが高い人たちが参加する社交クラブのメンバーでもありました。

「皆が現状の生活を維持すると地球は大変なことになる！」

環境問題が今ほど注目を浴びていない頃でしたが、並み外れた頭脳の持ち主である彼女はそう気づきました。では彼女に何ができるのでしょう？　悩みぬいた彼女は決心しました。皆の手本になるような暮らし方を示そう、と。

そこで、彼女は１９７３年以降40年の長きにわたり、マイカーを捨て、乗り物の利用を拒否しています。飛行機、電車はもちろん、自転車にさえ乗りません。どこに行くにも自らの脚で走ります。従って、走って行ける範囲内に生活圏が縮小しました。縮小したと言っても、毎日20キロ弱も走ります。しかし、飛行機に乗らないので、米国にいる弟にも長い間会っていません。

移動手段以外に彼女が変更したのは食べ物です。加熱しなくても食べられるものに制限しました。生食です。ただし、植物性のもので、果物やナッツ、種、そして小麦胚芽を食べています。加熱するのは紅茶と食器洗い、洗濯や入浴などに使うお湯だけです。しかし、これで料理に使うエネルギーを大きく節約できました。

さらに、暖房も使いません。照明も必要最小限です。衣服もほとんど自分で裁縫して作ります。もちろんテレビも見ません。

こんな生活を、御歳70の彼女はすでに40年も続けています。恐ろしいほどの忍耐力です。彼女は独身で、排出するCO_2の量はごく少量。開発途上国の人にも負けないでしょう。

彼女の名前は、ジョアン・ピックさんです。

地球のためを考えてごく自然にこのライフスタイルを選択し、同時にダイエットにも成功しました！　しかし、他の人々はいずれ強制的にこうしたライフスタイルを選択させられるだろうとピックさんは考えています。

ピックさんは常に前向きです。

元気で崇高で可愛いおばあちゃんピックさんは、今日も地球のために走り続けているはずです。

ピックさんのライフスタイルを観察すると、エコスパイラルは通過点であることが分かります。

エコスパイラルにより次々とエコ製品を導入するのは大いに結構ですが、1点導入する度に家の中のものを2点減らす努力もしましょう。すると、いつかエコ・シンプルライフに到達できるでしょう。エコ・シンプルライフを実現できてこそ、ようやく全人類が地球1個分の資源で暮らせる時代が来るのです。

第４章
我が家の好循環生活

我が家は、２００７年9月に完成しました。地方中核都市・県庁所在地の宇都宮市の中心街からおよそ10キロ離れた郊外にある戸数１５００戸ほどの大型分譲住宅街に位置しています。宇都宮市最大の自治会がある住宅街です。しかし、最寄りのコンビニまで3キロ、郵便局まで4キロという不便な立地条件と不況のため、土地価格が暴落し、不動産会社が分譲地を投げ売りしていましたので、平均的な収入の私でも購入でき、おまけになんとかログハウスまで建てられました。他にもさまざまな工夫を凝らし、循環的な生活ができるよう努力しています。循環的な暮らしができれば、CO_2やゴミなどの廃棄物は減るはずです。廃棄物がゼロの状態を『ゼロエミッション』といいます。我が家はゼロエミッション・循環ホームを目指しています。我が家の工夫を次に紹介しましょう。

1　擁壁《ようへき》とゴミのゼロエミッション

敷地62・5坪の分譲地は、南向きの斜面にあるため、擁壁（土留め）に囲まれています。擁壁は通常コンクリート製ですが、我が家の場合、地元業者製の黒いリサイクルプラスチックで作りました。写真にあるように、珍しい黒い擁壁です。リサイクルプラスチックは加工性に富み、安価なので、コンクリート擁壁の半分の値段で完成しました。弱点としては、素材が若干弱めなことで、土圧がかかりやすく壁の高い部分は屈曲したりすき間が開いた部分があります。他の業者が作っている、さらに強靭なリサイクルプラスチックを使えば問題ないでしょうが、我が家の場合、10年後くらいには、石垣に代えようかと思案中です。プラスチックのリサイクルにはまだまだ改善の余地がたくさんあり、私たち消費者の協力も必要ですから、興味がある方は挑戦してみて下さい。

リサイクルプラスチックの大量利用を廃棄物生成の観点から見ると、マイナスエミッションになります。つまり、新築時に廃棄物で作った材料を大量利用しましたので、少なくとも最初の何年かの間は、少々ゴミを出しても計算上では、ゴミを出したことになりません。拙宅では、ゴミの分別・

リサイクルを心がけているものの、通常の家庭のように、ビニール袋、プラスチック容器・トレイなどは廃棄しています。しかし、リサイクルプラスチック製擁壁はすでに1トン以上使っていますので、前もって大量のプラスチックをリサイクルしたことになるのです。

日本人一人が出すごみの重さは毎日1・1kgと言われています。その12%がプラスチックごみですから、私達は毎日130g程度のプラスチックゴミを出しています（ペットボトル等は一応リサイクルできますが）。

年間で48kgにもなりますから、すごい量ですね。我が家のように家族2人だと、毎年約100kgですから、あまりの重さにうなだれてしまいそうです。

2　ログハウス

我が家は、2階建て3LDKロフトつき床面積100平方メートルのカナディアンログハウスです。福島県に本社を置くログハウス専門メーカーが施工しました。一般的にログハウスは高価で、平均的収入の私はほぼ諦めていたのですが、土地が予定より安く手に入り、ログハウスもキャンペーン価格のものがあったので、建てられました。ただし、経済的にはやはり少々無理しましたから、老後の資金には不安が残ります……。

ログハウスの長所はいろいろありますが、まず、ちょっとワイルドで素朴な外観がよく、さらに、材料のほとんどがログ（丸太）のため、生分解性に優れていて、廃棄後の処理が簡単です。今後は、住宅も使用前から使用後までのトータルで検討すべきでしょう。また、ログハウスの2階部分は三角屋根になっていて、無駄な空間になりがちな屋根裏もありません。これは通常の家に比べて、省スペース・省資源になります。そして、ログは自然素材なので、屋内の雰囲気や香りがよく、健康的で暮らしやすいというメリットがあります。後述しますが、コンクリート製の建物は健康的ではありません。コンクリート製住居の真逆的存在がログハウスでしょう。

日光を内部にも採り入れるため、トップライト（天窓）を3ヶ所に設置しました。また、4年も暮らしていると、見かけや香りに慣れてほぼ意識しなくなるものの、いまでもトイレでは木の香りが楽しめます。来客は玄関に入るや否や「よい香りですね」と時々褒めてくれます。

おそらくこれらの癒し効果も原因で、ログハウスは根強い人気があるのだと思います。

私は春から秋にかけて、自宅ではできるだけ裸足になるようにしています。床の感覚が気持ちよいからです。足裏から伝わる木の感触が冷たくすべすべして非常に心地よく、とても気にいっています。夏は特にそうで、ときどき床に足裏をスリスリするほどです。風呂の壁も他の部屋同様にログですから、落ち着きます。

そしてログハウスは、一般に思われているように燃えやすくありません。火事にあっても、ログ自体は分厚いので、その表面しか燃えません。さらに、耐久性に優れていて、手入れを怠らなければ、百年以上もつでしょう。我が家には一応、30年保障が付いています。

最後に、木材は優秀な素材です。まず第1に、内部に炭素を保持していますから、それだけで温暖化対策になるのです。木材を燃やさない限りCO_2は排出されません。第2に、湿度を調整してくれます。湿度が高いときは湿気を吸収し、低いときは放出します。第3に、分厚いログによる断熱性です。外気温が4～5度でも、暖房なしの室温は14～15度ということはよくあります。第4に、前述した生分解性です。つまり、老朽化して廃棄する場合も、燃やしたり腐らせたりして比較的簡単に処理できます。薪ストーブの燃料にも使えます。まがりなりにもゼロエミッションハウスを目指すなら、家屋の本体自体も廃棄しやすい材料にすべきでしょう。

ログハウスの最大の弱点は高価格、そしてログの表面が劣化しやすいため、維持に手間暇とコストがかかることでしょう。我が家でも玄関周辺のデッキは、年に2回ほど腐食防止塗料を塗ります。

外壁も、3年に1度はペンキを塗った方がよいそうです。2010年の春、太陽光発電機を導入した際に、家の周囲に足場が組まれましたので、それを利用して外壁にペンキを塗りました。強烈な日射を受ける南面は、すでに劣化が進んでいました。作業中は2階の上方など、かなりの高さがあり、少々怖い思いもしました。しかし、外壁塗装を業者に頼むと20万円程度はかかります。それを思えば怖さにもなんとか耐えられました。けれど、還暦以降の外壁塗装は業者に依頼した方が無難そうです。また、拙宅のような安価なログには表面に深いひび割れができますから、それが内側まで届くと、雨漏りの原因になります。そうならないように、ひびが入ったら割れ目に防水スプレーを吹き付ける必要があります。というわけで、ログハウスにはかなり手間暇がかかります。しかし、私のような怠け者でも何とかなっていますから、普通の方なら大丈夫でしょう。

さらに、ログハウスが人にやさしいということは人以外の生き物にもやさしいのです。そのため、ログハウスの外側には、ハチ、アリ、クモ、ヤスデ、ムカデなどの虫も住み着きやすく、ときどき家の内部にも侵入してきます。我が家では毎年2度ほどハチの巣を駆除しています。個人的には、安全な家だから虫もいるのだと思っています。登山で遭難して飲料水に困ったときに、水たまりを見つけたとします。もし、その中に生き物が生息していればその水を飲んでもほぼ安全です。それと同じです。我が家は低価格ログのため屋根はトタン製（特殊ガルバリウム鋼板）ですから、大雨になると音が激しいという困った特徴もあります。ログハウスは三角屋根なので、2階のベッドやデスクから比較的近いところに天井があり、音が間近に響くのです。また、建設後時間が経つと、屋根や2階の重みで天井や窓枠が若干沈下しますし、床にもあちこち凹凸ができます。天井や窓枠の沈下は予め想定して設計されていますから、それほど心配はいりません。床の凹凸は慣れましたが、耐えられないほどひどくなったときには、我が家の30年保障を盾に修理してもらえます。

今後は、国内林の保護のためにも、遠い外国からの輸送時に排出されるCO_2を削減するためにも、国産木材を利用したログハウスが積極的に推進されるべきでしょう。

最後に、屋外との熱の出入りの半分程度は窓を通して行われるため、窓の断熱は重要です。拙宅では窓も窓枠も断熱性能に優れたものにしました。

余談タイム：木造住宅は超健康的

私たち人間の先祖は森の中で生活し、木に囲まれて暮らしてきました。ですから、人体は、コンクリートではなく、木造の住宅に適応しているはずです。それを示すデータはたくさん存在します。しかし、大っぴらに流布していません。なぜでしょう？　個人的には、マンションが売れなくなるからかなと思っています。建設会社や不動産会社が困りますからね。それはともかく、木造住宅とコンクリート住宅の健康度を比較してみましょう。

結論から述べますと、コンクリートは、住人の身体を冷やし、健康に悪影響を与えます。

現に、島根大学理工学部の中尾教授のグループが行った、マンション住人と一戸建て住人の平均寿命の調査によりますと、木造住宅の住人のほうが、およそ9歳も長生きすることが判明しました。また、東海大学医学部逢坂講師が、高層マンションの1〜2階、3〜5階、6階以上の住人に分けて調査した結果、最も顕著な違いが出たのは妊婦の流産率でした。6階以上での流産率が他の4倍にはねあがりました。高層階は特によろしくないようです。

さらに、同様の調査を行なっている国立精神・神経センター精神保健研究所の北村氏は、「妊娠関連鬱病（マタニティブルー）」について比較し、マンションに住む妊婦は、一戸建てに住む妊婦より、鬱病を4倍も発症しやすいことを明らかにしました。このように、コンクリート製の集合住宅では、肉体的、精神的なストレスを感じる人が木造住宅より多いのです。

ガンについても、乳ガンなどは鉄筋コンクリートのほうが発生率が顕著に高いというデータが存在します。

その原因を解明するために、東京農工大学の鈴木教授は、木造とコンクリートの校舎で、灯油ストーブを炊き、2時間後に教室の床、壁、室温を調べました。すると、木造校舎では床、壁、気温がほぼ同じ値になり、温度差がきわめて少なく、すごしやすい環境になりましたが、コンクリート校舎では、床や壁はわずかしか温度が上昇せず、気温だけが8〜10度も上昇しました。つまり、室温が上昇しても足元は冷えたままなのです。

学び舎であるはずのコンクリート製校舎は、生徒にとっても教師にとっても精神的ストレスに結びつきやすく、キレる状態を招きやすいことも分かります。鈴木教授の調査では、「眠気とだるさ」を訴える生徒数が、コンクリート製校舎では木造校舎の3倍にも上り、「注意集中の困難さ」を訴える生徒数も2・5倍になりました。

これらの調査結果が本当なら、コンクリート建築は低線量放射線よりはるかに危険です。放射能の影響を心配する、福島県の子供たちには、換気性と耐震性に配慮した木造校舎をプレゼントしてあげると、彼らの平均寿命が他の地域より伸びることでしょう。

3　薪ストーブ

我が家にはエアコンがありませんから、冷房は扇風機、暖房は薪ストーブが主役です。扇風機の消費電力はエアコンの数十分の1です。薪ストーブの消費電力はもちろんゼロ！　なのに薪ストーブからは遠赤外線が豊富に出ますから、厳冬期でも身体の芯まで温まります。私の知る限りもっとも自然な暖かさで、安心して身体を委ねられます。また、嬉しいことに、一台の薪ストーブで家の内部全体が温まります。

さらに、就寝前に太い大きめの薪を入れ、空気調整して弱火に設定しておくと朝方まで燃え続けますから、起きがけ時の室温も十度以上に保たれているほどです。

薪ストーブが出す灰は、酸性化しやすい土壌の中和剤になるので家庭菜園に散布します。土壌は、酸性雨のために、酸性になりがちです。灰を散布すると、酸性から中性に戻り、野菜の生育がよくなります。

しかし、薪ストーブの楽しさは、炎の造形美を楽しめることが一番かもしれません。赤や黄はもちろん、紫や緑の炎が揺らめいて、目を楽しませてくれます。また、燃え盛る薪の高温部はまるで宝石のような強く美しい輝きを放ち、魅了されることこの上なしです。その美しさを捉えようと何度も写真を撮りましたが、なかなか捉えきれません。

薪ストーブを使っているというと、近所迷惑ではと言われることがありますが、最近の薪ストーブはクリーンバーンシステムといって、完全燃焼に近い状態で薪を燃焼させるため煙が出にくくなっていますので、心配はありません。と言っても、燃え始めは確かに煙が出ますので、我が家では夜間の暖房にのみ利用しています。

また、薪を燃やすとCO_2が出るのではという指摘もあります。確かにその通りですが、木はその成長過程でCO_2を吸収しますから、木材を燃やしてもプラスマイナスゼロになり、計算上のCO_2排出量はゼロなのです。こうして我が家のCO_2排出量は劇的に減少します。ゼロエミッションハウスへの第2歩です。石油やガス等の化石燃料を燃やすと、太古の昔に長期間蓄えられた炭素を短時間でCO_2として放出しますから、地球温暖化を促進することになるのです。

全体的に薪ストーブはCO_2を大量に削減でき、東北大の新妻教授の試算によると、実にハイブリッドカー5台分、または太陽光発電機9kW分の削減効果があるそうです。薪を1・2m^3使うとハイブリッドカー1台分のCO_2が削減できるとのことです。

それに、薪集めもなかなか楽しい仕事です。

近所の里山の入り口には、伐採された木が積まれていることがあります。その辺をウロウロしていると、近所の人が通りかかりますから、声を掛け、木の持ち主を聞き出します。後は、持ち主のお宅にお邪魔して、「あの木、よかったら分けていただけないですか」とお願いするだけです。持ち主も処分に窮していることが多いので、「いいよ。好きなだけ持って行きなよ」と快諾してくれます。薪をいただくことで自分も助かり、人助けにもなることが多いのです。そのまま放置されていれば腐ってただCO_2を放出するだけですから、暖房に利用した方が世のため人のためになるのです。また、薪ストーブの焚き付け用に、近くの神社の杉並木から初冬に大型ビニール袋数個分の落ち葉を拾ってくるのも年中行事です（杉も落葉します）。

また、面白いことに、見知らぬ建築業者が拙宅の煙突を目にして、毎冬、建築端材を大量にもってきてくれます。建築廃棄物として処理すると高額の処理費用を取られるからです。薪ストーブがある家々に配布すると、喜んで受け取ってもらえます。こうして、外部の廃棄物まで有効利用しますから、これらもマイナスエミッションとカウントできるでしょう。

さらに、自宅の木の剪定枝も焚きつけに利用できます。

薪ストーブは上部にダッチオーブンを置いてシチュー作り、炉内でのピザや焼き魚、そして焼き芋等の料理作りまで楽しめますから、奥が深いです。奥が深いと言えば、薪割りも楽しい仕事のひとつです。溜まったストレスがかなり発散されます。

さて、それではマイナス面はないでしょうか？　何と言っても設備費がかかります。薪ストーブは、高性能のものなら数十万円しますし、煙突や設置に使用する資材等にもそれぞれ数十万円必要です。良心的な業者を捜さなければなりません。

薪は大量に必要ですから、スペースの確保や準備も大変です。薪作りを趣味として時間を割ける方は大丈夫ですが、多忙な方は薪を買う必要があります。一晩で燃え尽きる、一抱えの薪が市販では４００～５００円しますので、経済的にはかなりの負担です。

また、薪ストーブだと室内が暖かくなるにつれて乾燥が進みます。とくにストーブの周辺が乾燥しますから、ストーブの上にスチーマーかヤカンを置き、常に水蒸気を発生する状態にしておくことが望ましいのです。他の対策としては洗濯を夜間に行い、洗濯物を室内干しにすると効果的です。

さらに、薪ストーブは点火してすぐに室内が暖かくなるわけではありません。そして、風が強いときは煙突から吹き込む風で、点火に手間取るときもあります。

大量の薪を確保するには、チェーンソーを用意して、山に入らなければならないこともあるでしょう。立木の伐採に慣れない私は、ある夕刻に許可を得て森に入りチェーンソーで木を切っていたところ、チェーンソーが木から抜けなくなりました。切っていた木の荷重がチェーンソーの歯にかかったからです。夕刻ですから暗くなるし、おまけに降雨も始まるし……幸い、自宅から遠くなかったので、斧を取りに帰り、30分後には無事にチェーンソーを救出できました。こうした体験も短所と言えば短所ですが、普通の生活をしていると味わえない貴重な経験だと思っています。

幾つかの短所はあるものの、長所はそれらを補って余りあり、今後も薪ストーブを続けるつもりです。もちろん停電時にも薪ストーブは問題なく使えます。

私は元々、寒い冬が苦手でした。しかし、薪ストーブを導入してからは、冬が大好きになりました。今では春の到来が残念でならないほどですから不思議です。この変わりようが、薪ストーブの魅力を物語っています。

4　バイオトイレ

我が家のトイレは水洗ではありません。今流行りのウォッシュレットではなおさらありません。その反対の、水を使わない『ドライレット』なのです。上下水道代を使わないのがバイオトイレ（エコトイレ）です。バイオトイレでは、排泄物を落とすタンク内部にオガクズを入れています。排泄物の異臭の主因は便と尿が混合して過剰に発生するアンモニアガスです。オガクズは尿をすぐに吸収しますから、尿と便が混合せず、臭気が発生しにくいのです。トイレ使用後に備え付けのボタンを押すと、タンク内の撹拌機が回転して内容物を撹拌します。また、尿中のアンモニアを蒸発させるための排気パイプがタンクから出ていますが、その途中や先端部に排気ファンが取り付けられていて常時、室内から外気へ排気し、もし異臭が発生しても屋内は無臭です。この人工的な風が糞尿を乾燥させて臭気を弱めます。さらに、タンクを電熱器で摂氏50度に維持しますので、糞尿が適切に殺菌された上、発酵し、たい肥化されるのです。しかし、この時点では完熟たい肥ではありませんので、家庭菜園の隅に置かれたコンポストに入れて完熟させています。オガクズは年に2回ほど取りかえます。これがバイオトイレです。県内の一般住宅でバイオトイレを導入しているのは我が家くらいです。新築時に建築許可を取るときにも、役所と建築業者の間で、ひと悶着ありました。役所の方も驚いたことでしょう。

さて、バイオトイレの弱点は何でしょうか？　まず、設備費を含めて100万円前後もかかるコストです。また、タンクに入れるオガクズは薪ストーブ屋さんが運営する薪置き場で調達しています。近所に製材所があれば手に入れられますが、面倒といえば面倒かもしれません。さらに無臭とはいえ、若干の異臭は排気パイプから外部へ漏れだします。とくに夏場はタンク内が乾燥しにくいため、その傾向があるようです。そんなとき、排気パイプの周辺に近所のお宅の窓があるとまずいかもしれません。その際は、タンク内の汚物をコンポストへ移して量を減らし、排気ファンを少し強力なものに取り換えればよいでしょう。幸い、拙宅の排気パイプ周辺は、隣家の広い庭になっていますから異臭で迷惑をかけることはないようです。

ログハウスで木の香りが最も豊かな場所はどこかご存知でしょうか？　前述のように、それはトイレです。比較的小さな空間が木の壁に取り囲まれているからです。言い換えると、空間の単位体積あたりの木の面積が最大になる場所がトイレです。バイオトイレを使っても木の香りが楽しめるでしょうか？　答えはイエス、楽しめます。バイオトイレの臭気はそれほど希薄です。

そして、自分の排泄物が巡り巡っておいしい新鮮野菜に循環するのは楽しみです。そこで、別荘などの割と広い家庭菜園を有したお宅にはバイオトイレがお勧めです。

ところで、このたい肥、オガクズと糞尿でできています。そして、アフリカやインドの一部では牛フンは貴重な燃料です。ですから、この自家製たい肥も燃えるかもしれない！　すると、世界のエネルギー不足を解決できるかも！　と名案が浮かんだ私でしたが、いくら乾燥させても燃えにくいことと甚だしいのでガッカリしました。かなり高温になると緑色の炎をいやいや出してチョロチョロ燃えるふりをする程度です。これはオガクズの主成分であるセルロースが燃えにくい成分に変換されたためでしょう。ある程度発酵したたい肥は黒土と区別がつきにくいくらいですから、燃えにくくても仕方ないのかもしれません。

とにかく、こうして、我が家からし尿は外に廃棄されません。これは環境への負担をかなり減らしますから、バイオトイレはゼロエミッションハウスへの重要なステップです。

5　家庭菜園という重要拠点

薪ストーブから出た灰、そしてバイオトイレからとれるたい肥の目的地、我がゼロエミッションシステムの要が家庭菜園です。我が家には庭らしい庭がほとんどなく、本来は庭であるべき敷地の

3分の2を畑にしています。柔らかめの岩盤上にある我が家の土地は畑向きではないのですが、10坪ほどの小さな場所に長さ3メートルほどの畝を6筋作りました。小石を拾い、黒土や自家製たい肥を投入して土地改良を進めています。1年中、いろいろな作物を育て、地産地消・旬産旬消を楽しんでいます。サヤエンドウ、ネギ、玉ネギ、ジャガイモ、ニンジン、キャベツ、大根、枝豆、レタス、オオバ、ミニトマトなど、無農薬の安全な作物が採れたてのホヤホヤで味わえます。野菜類は種から芽が出るときから嬉しいのですが、育つ過程も楽しめますし、花まで美しく咲いてくれます。一つの作物から何度喜びをもらえるか分りませんので感謝に堪えません。

道に面した擁壁と菜園の間には、様々な木を植えていますが、実のなるものもかなりあります。サンショウ、ブルーベリー、リンゴ、イチジク、ブドウ、カキ、グミ、キンカン、ゆずなどです。ラズベリーもあります。フルーツは著者の大好物なのです。拙宅のラズベリーは繁殖力が強く畑のあちこちに芽を出してきますが、春と秋の年2回実をつけてくれますから、朝食のヨーグルトに入れたり、妻がジャムを作ったりしています。春から晩秋までの半年間、朝食のためのベリー類やイチジクの採集は、私の朝一番の楽しい日課になっています。夏から秋にかけての私の通勤前の習慣は、ブドウ棚の下で近くの山々を眺めながら採れたてブドウやイチジクをゆっくりと味わうことです。その最中は、自分は日本一の幸せ者かと錯覚してしまいます。これで、カキの木が実を付け始めると世界一の幸せ者になれるかもしれません。果物の購入費もずいぶん節約できています。冬は若干寂しいものの、キンカンやゆずの木が生長すれば、冬季も収穫できるようになるでしょう。

気持ちの良い晴天の日はもちろん嬉しいですが、雨が降っても畑の水やりの手間が省け、もとい、可愛い野菜たちが喜ぶだろうと幸せを共有しています。曇りの日は過ごしやすいので絶好の農業日和です。こうして、好循環生活は一年を通して深く広く楽しめます。

6　コンポスト

ゴミ焼却場では夏の到来は繁忙期に入ることを意味しています。なぜなら夏はスイカが売れ、水分豊富な生ゴミが大量に押し寄せるからです。スイカの皮が燃えにくいことは想像できるでしょう。場所によっては燃料を投入して燃やすしかありません。スイカ等の生ゴミはCO_2排出の原因にもなっています。拙宅では、生ゴミを自家処理しています。我が家の英国製コンポストは、太陽光発電機のおまけとしてタダでいただきました。台所から出る生ゴミはほとんどこのコンポストに入れてたい肥にして再利用します。ですから、拙宅からは生ゴミはほぼ出ません。コンポストの導入以前は、畑に深さ30〜40センチの穴を掘り、生ゴミを入れて少しの土を被せていました。だいたい1週間ほどで、一つの穴が塞がりますから、次の穴を掘らなければなりません。埋められた生ゴミはやがてたい肥に変わりますから、自然コンポストと言えるでしょう。生ゴミに含まれていた種が芽を出して、カボチャなどの予期せぬ作物が育つこともあります。

コンポストに入れられるものは生ゴミだけにとどまりません。家庭菜園の弱点には雑草があげられます。野菜が好む土は雑草にも好まれるため、梅雨時や夏季には草取りが大変です。あまり無理しないようにしてはいますが、雑草もコンポストに投入し、たい肥の一部にして循環させます（種が付いた雑草は乾燥後、紙袋に入れて保存しておき、薪ストーブの焚きつけに使います）。猫のブラッシングの際に出る抜け毛、自宅の木や街路樹の落ち葉までコンポストに入れています。発酵を促進させるために近所の精米所からヌカをもらってきて入れます。コンポストは薪ストーブのように外部の廃棄物まで有効利用でき、我が家のゼロエミッション化にも貢献してくれます。コンポストには新聞紙や使い古したセーターまで入れられます。こうした無駄の少ない暮らし方がエコスパイラル生活です。ゴミは、利用できないからゴミなのです。利用できれば資源になり、ゴミというレッテルが外せます。大量のゴミの存在は、それらを再利用できない人間の能力の限界を示しています。

7　雨水タンク

我が家の雨水タンクも英国製で、やはり太陽光発電機のおまけとしていただきました。日本製のものとは異なり、場所をとらない縦長で、190リットルほど貯水できます。もちろん、蛇口もついています。もっぱら、畑の水やりに利用していますが、土仕事の後に手や作物を洗うときにも使います。畑の水やりには大量の水が必要なのでとても重宝しています。190リットルあると、冬の関東の渇水時にも水が枯渇する心配がありません。他にも利用できないかと考えていますが、愛車の洗浄にも使えそうです。

8　我が家は好循環ハウス

このように、日本や世界経済の弱体化に対し、食糧やエネルギーを少しでも自給でき、貯金や投資よりもすぐれ、同時に地球環境を改善するための貢献策として、私は自宅をエコハウス化しました。エコハウスは、農作業や収穫を楽しめる趣味の場でもあります。ここで我がエコハウスの特徴をまとめてみますが、一言でいうと資源が好循環する循環ハウスになっています。

まず食料ですが、野菜類を無農薬で、楽しみながら適度な運動も兼ねて育てます。それらは採れたての超新鮮な状態で食べられますから、究極の地産地消かつ旬産旬消で、おいしいのはもちろんです。台所で出る生ゴミは、コンポストでたい肥化します。他方、人やペットの排泄物も、バイオトイレとコンポストでたい肥化します。そのたい肥を菜園に投入して野菜作りに利用します。かくして食糧が効率的に循環し、生ゴミが家の外に出ることはありません。

冬季の暖房は、主に薪ストーブを利用します。薪は近隣の山で廃棄された木材を有効利用します。薪ストーブから出る灰は、菜園の土壌の中和剤として利用します。朝方や昼間の暖房には電気ストーブを使っていますが、電気は太陽光発電機でほぼ自給しますし、給湯にも太陽熱を利用します。

水を使わないバイオトイレのために上水・下水の合計使用量は一般の家庭より少なめです。

図4-1　木材と食料の循環

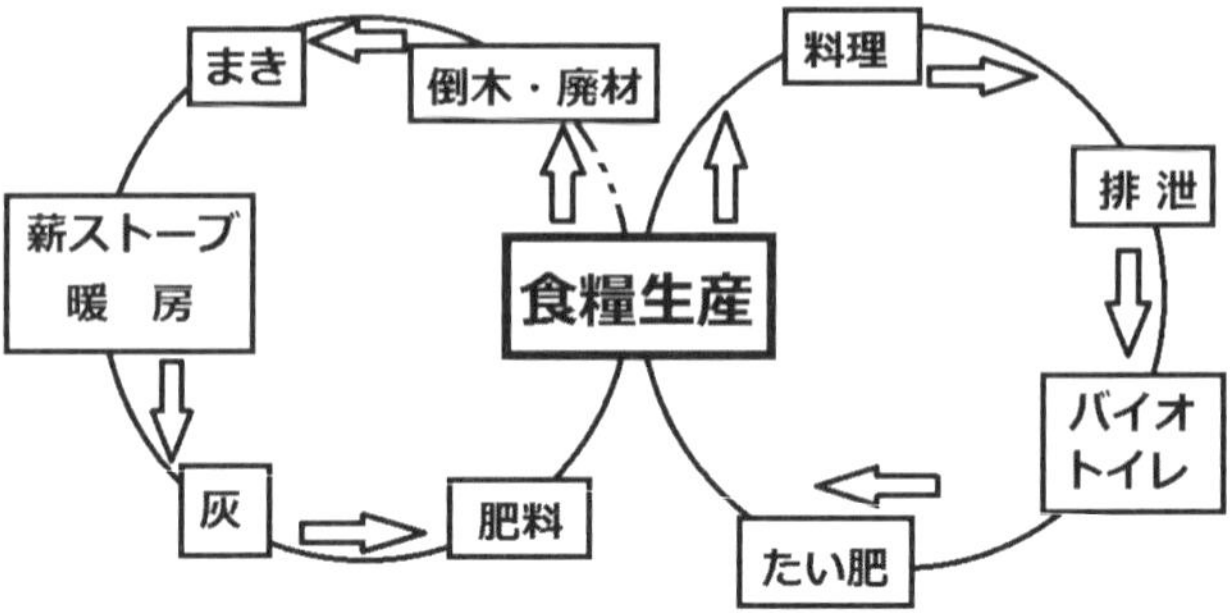

拙宅は太陽光と薪という自然エネルギーを効率的に利用し、生ゴミや灰や排泄物を菜園で有効利用し、最小限の廃棄物しか排出しない循環ハウスと言えるでしょう。

他方、普通のエコハウスは原発の夜間余剰電力を利用したヒートポンプ式電気給湯器を使い、太陽光発電機も併設して、電気の自給自足を目指しています。窓には断熱ガラス、壁には断熱材を採用して断熱性能も充分です。他にも、太陽熱を暖房に利用するソーラーハウスや、雨水を地下タンクに貯め、トイレに利用する中水利用システムを備えたエコハウスがあります。さらに、電気式コンポストもよく利用されています。

最近は、菜園スペース付きの分譲地が売り出され始めました。しかし、ほとんどの既成エコハウスには菜園はありません。薪ストーブもまだ珍しく、家庭用バイオトイレに至ってはほぼ皆無といったところです。こうして見ると、著者の循環エコハウスがかなりユニークなことがお分かりでしょう。CO_2だけでなく、かなりの廃棄物を好循環させるか、低減させる家なのです。表には、廃棄物を我が家でどう循環させているかをまとめてみました。

コンポストと薪ストーブが健闘してくれていることが分かります。まだまだ未熟と思っていますが、かなり地球環境に貢献しているようにも思えます。

「エコスフィア（エコ球）」というものがあります。NASA（米航空宇宙局）が開発しました。直径16㎝の球形ガラス容器に密閉された海水中にエビと貝と藻とバクテリアが共存しています。エビは藻を食べ、藻は酸素をエビに供給し、エビや貝の排泄物はバクテリアが分解して養分にし、エビは藻を生かす二酸化炭素を排出する循環閉鎖系です。まるで地球生態系のミニチュア版で、マイクロアースと呼べるかもしれません。私の夢は、自宅を、資源が循環するエコスフィアにすることとも言えます。皆がエコスフィア的な自宅に住めば、生態系内のように資源が循環して地球の負担が激減するでしょう。共生の観点からは、人類は生物界の落ちこぼれです。その落ちこぼれが強大なパワーをもっているため地球生態系は疲弊しています。自宅のエコスフィア化は、人類文明が地球と共生するための突破口になる可能性を秘めています。そのための強力な手法がエコスパイラルなのです。

表４-１我が家で利用する家庭内外起源の廃棄物と循環方法

廃棄物	再利用用途	循環手法
プラスチック	建材	擁壁
排泄物（人とペット）	たい肥	バイオトイレ
生ゴミ	たい肥	コンポスト
ペットのぬけ毛	たい肥	コンポスト
雑草（種なし）	たい肥	コンポスト
雑草（種あり）	焚き付け	薪ストーブ
落ち葉（自宅広葉樹）	たい肥	コンポスト
落ち葉（外部広葉樹）	たい肥	コンポスト
落ち葉（外部＆自宅針葉樹）	焚き付け	薪ストーブ
米ぬか（外部＆自宅産）	たい肥（ボカシ）	コンポスト
建築廃棄木材（外部産）	燃料	薪ストーブ
伐採木材	燃料	薪ストーブ
庭の剪定材	焚き付け＆燃料	薪ストーブ
布製不用品	焚き付け	薪ストーブ
雨水	菜園用水	雨水タンク
風呂の残り湯	洗濯用水	エコバスポンプ

第5章
地球と子供たちのための楽しいエコ生活

福島第1原発の事故は、世界を震撼させました。しかし、冷静に考えれば原発の危険性は以前から分かっていたのです。現に、著者も10年前にその危険性を警告する記事を学会誌に掲載していました（ただし、間接的にです）。

原発の問題点は、まず、日本のような地震・火山国には危険過ぎること、そして原発が出す放射性廃棄物の半減期が10万年程度もあることです。しかも、原発に寿命がきて廃炉になると、建屋から圧力容器、格納容器、パイプ類が膨大な量の放射性廃棄物になります。

現在、放射性廃棄物をステンレスとガラス製の容器に詰め込んで、地下深く埋設する『深地層処分施設』が検討されています。しかし、ステンレスとガラス製の容器が強烈な放射線にどれだけ長期間耐え得るか誰も知りません。とりあえずは地下深く貯蔵しておくことを検討しましょう、という無責任な状態です。しかし、ひょっとすると百年ごとに新しい容器に廃棄物を詰めかえなければならないという可能性もあるのです。すると、子孫たちは、私たちが残した負の遺産の処分に大わらわになります。それも10万年間も。しかも世界中で。

ひょっとすると容器が10万年、耐えてくれるかもしれません。しかし、放射性廃棄物は10万年後でさえもまだまだ危険なのです。無害になるのは20万年後だという説もあるからです。そのような安全の保証がないものを、子孫に託すことに気が引けませんか？　そんな重大なことに意識を向けない、異常と思える人たちが、作為的に安く設定されたコスト計算を示しながら原発を推進し、無関心な人々が原発からの電力を享受してきました。そして挙句の果ての大事故です。福島第1原発事故は、そんな私たちへの警告だったのです。神妙に受け取らなければなりません。ところが、別方面でも、由々しき事態が近未来に待ち構えています。

先述のように、世界自然保護基金（WWF）が、現状ペースで人類が天然資源を消費し続けると、2030年代には地球2個分の資源が必要になる、というリポートを発表しました。今はどうしても金融危機の方に目が行きがちですが、WWFは「金融と同じく、環境分野でも危機が迫っている」と警告しています。そのリポートによると、燃料や森林、水産物など世界中の資源消費は、人口増加やライフスタイルの変化などのため、1980年代半ばに地球が再生産できる供給量をすでに上回り、その後も着実に増え続けているのです。そして、すでに現在は地球1・3個分を消費する量の需要にふくれ上がっています。超過分は、地下資源など「貯金」を食いつぶしつつある状態ですが、最後まで食いつぶすと人間以外の生物や子孫たちはどうなるのでしょう？　彼らから、明るい未来が奪われてしまいます。

さて、どの国々の責任が大きいのでしょう？　くり返しになりますが、資源需要が最も大きいのは米国・中国で、先述のように、世界中の人が米国人と同じような消費生活をすると、地球が4〜5個分必要になります。日本人の生活でも2〜3個分必要です。

この現状から分かるように、私たち日本人は、エコスパイラルでCO_2を減らしながら、1つのエコ製品を購入するたびに家庭に不要な品物を2つほど、資源の浪費を抑えるため適切に処分すべきです。不用品のエコな処分方法も以下でご紹介します。そしてエコなシンプルライフを目指すべきでしょう。すると、地球との共生が見えてきます。物質主義の牙城である米国でも、若者たちを中心にして、ローンで贅沢な暮しをするより、無借金で買える小さな家に住み、持ち物の点数を100以下にするシンプルライフが広まり始めています。

1　食生活のエコスパイラル：生ゴミも食費も減らして健康になる方法

原発事故のような警告を与えられながら、現代人たちは本当に工夫やスローダウンをしているのでしょうか？　増税に反対し、グルメに狂奔し、未来の子孫たちへ負の遺産をあちこちにばらまき続けていないでしょうか？　私たちが増やしつつある負の遺産であるCO_2対策には、ゴミ焼却の天敵である生ゴミを出さないようにする姿勢が大切です。コンポストで処理してたい肥にしてもよいのですが、それよりも楽しめる有効な対策としてエコ料理があります。エコ料理とは、野菜の普段捨てるような部分をうまく利用しておいしく料理する方法です。

ひと月当たりの食費の全国平均を見てみると、3人家族の場合は68000円、4人家族なら77000円ですから、1人当たり約2万円というところでしょう。以下に、生ゴミと健康リスクを減らしながら、1人当たりの食費を約1万円近くまで減らせる方法を紹介します。

(1) エコ料理大作戦

料理は買い物から始まります。エコな買い物とは何でしょう？　まず、買おうとした食品が本当に必要なものかどうか見極める必要があります。3R運動というものがありますが、買うものを①リデュース（減らす）②リユース（再使用）③リサイクルすることです。しかし、買うことに迷うときは買わない（リフューズ）勇気も必要です。リフューズを含めると4Rです。3Rよりも4Rを推進すべきなのですが、そうすると経済が成長しないためか3Rが推進されています。

買うときもできるだけ地元産の旬の食品を購入しましょう。トマトやキュウリなどの温室野菜を育てるには、旬のものに比べて約10倍ものエネルギーを必要とするからです。さらに、一度買った野菜は丸ごと使い切りましょう。ネギの青い部分や大根の葉などもおいしく食べられ、食費が節約できます。そのまま捨てると水分が多くて燃えにくい生ゴミは、ゴミ焼却場を困らせ、やがては私たちに付けが戻ってきます。野菜の、通常は食べない部分までおいしく食べられる料理法はリサイクル料理とも呼ばれます。以下にご紹介します。

◇スイカの白い部分

スイカの皮に近い白い部分をそのまま捨てるのはもったいない。実はかなり使い応えがあります。ぬか漬けや浅漬けにできますし、千切りにすればサラダにもなります。

スイカの食べ残しはゴミ焼却場の天敵と知った日から、私はスイカをできるだけ完ぺきに食べるようになりました。食べ残すスイカの皮ができるだけ薄くなるように。すると、しばらくして、ラジオ放送で次のような情報が流れました。

「スイカの外側の白い部分は心臓によい」

信じてくれない人もいるかと思いますが、私は繊細な性格なので心臓が強くありません。2年前、夕食後に酩酊状態で毎日室内運動をしていた頃がありました。すると冬場、階段を上った後などにときどき動悸を経験したほどです。しかし、こうして地球のためとスイカの白い部分まで食べていた私はスイカに救われたようです。最近、動悸は止まっていますから。やはり、地球にやさしいことは人にもやさしいのです！

さらにキャベツの外葉、そして芯までもおいしく利用できてしまいます。まずは芯から。

◇キャベツの芯を利用したドレッシング

生のキャベツの芯50グラム、マヨネーズ大さじ3杯、サラダオイル大さじ1杯、酢、コショウ、塩少々をミキサーにかけるだけで、おいしいドレッシングに変貌します。キャベツの芯の他にブロッコリの茎も使えます。

◇キャベツの芯と外葉

キャベツの芯と外葉（また、ネギの青い部分や大根の葉）を細かく刻み、他の材料と一緒に餃子に入れると、おいしい野菜たっぷり餃子が食べられます。それ以外にも、野菜スープやシチューの材料としても利用できて便利です。キャベツは芯まで食べられるのです。

◇キャベツ・白菜・レタスの外葉

ギョウザやシュウマイを蒸すときに、キャベツ、白菜、レタスなどの外葉を下に敷くと、蒸しあがり時には葉が柔らかくなり、見た目も美しく楽しみながら食べられます。

◇ニンジンや大根の皮

著者が米国で留学生活を送っていたとき、台所でニンジンの皮を剥いていたら米国人のルームメイトが驚いていました。米国人はニンジンの皮を剥かずに料理するようです。ニンジンや大根の皮はきちんと洗えば食べられますから、剥かなくてもよいのです。剥くことが止められないときは、キンピラにしてもいいですし、刻めばスープやシチューの材料になります。

◇ニンジンの葉

ニンジンの葉は天ぷら（かき揚げも可）にするとおいしくいただけます。また、炒め物やゴマ和えにもできますし、細かく切ればギョウザ、スープ、シチューにも入れられます。

◇ブロッコリの茎

ブロッコリの茎は先述のように、ドレッシングにも使えますが、キンピラにしてもおいしくいただけます。もちろん、スープやシチューにもＯＫです。

◇煮汁が余ったら

おでんやすき焼きなどの煮汁は野菜や肉の旨味が出ていますから宝物です。おからを入れて炒めるとおいしい「卯の花」ができます。

また、切干大根と煮てもおいしいです。

◇カレーやシチューが余ったら

カレーやシチューをたくさん作って食べ飽きたとしても、そのまま捨てるのはもったいないですね。例えば、マカロニにかけてグラタンを作れます。

また、使い終わった鍋にお湯を入れ、味噌やダシの素を入れれば、スープができあがり、同時に鍋がきれいになります。

こうして、野菜を皮や芯まで、そして汁類を最後の一滴まで利用することは、地球への愛と感謝の表現方法ではないでしょうか。すると地球は、おいしさで応えてくれます。しかも、食費やゴミの量まで減り、いいことづくめの立派なエコスパイラルです。流石、愛と感謝の威力は絶大です。そう、好循環生活は、実は愛と感謝で支えられているのです。

さらに、先述のように、毎月1回、月末には冷蔵庫内に残った食品を棚卸しして、エコ料理するように努めると、食費と電気代が大幅に節約できることもお忘れなく！

リサイクル料理の紹介本としては、以下があります。参考にして下さい。

○福井幸男「リサイクル料理BOOK」創森社

○イーフ21の会「お料理だってリサイクル」リサイクル文化社大阪編集室

◇ゴーヤやダイコンが余ったら：食品乾燥のススメ

夏には緑のカーテンが普及してゴーヤがあちこちで収穫されますが、ゴーヤは一度採れ始めると次々に結実して食べきれないことがあるようです。

ゴーヤジュースにするとあっという間に使い切れるものの、保存食にできる手法が干すことです。このテクニックは、ダイコンやニンジンなどにも使えます。

ゴーヤの場合、まず縦に切り、種を出した後、薄切りにします。それをざるに並べて干してもよいのですが、竹串に刺して両端を洗濯バサミで留めて吊すと場所をとりません。その後はカビが生えないように注意しながら乾燥させます。乾燥すると体積が縮みます。体積が縮まなくなったら完成です。ダイコンやニンジンは輪切りにして干します。

食べるときはそのままでもお湯で戻してもＯＫです。味と触感の好みで決めて下さい。チャンプル、チャーハン、味噌汁、スープ、シチュー、和え物など多種楽しめます。

自然エネルギーである太陽光で乾燥させることは、電気代・ガス代の節約につながります。野菜でうまく行ったら、果実や肉や魚にまで技を広げられます。

◇たまには生食

３章でご紹介した、ＣＯ₂排出量最小人間であるジョアン・ピックさんは、料理に使うエネルギーをゼロに近づけるために生食を中心にしています。

そこで、私たちもピックさんを見習って、暑い夏の夕食なら、ナッツをまぶした野菜サラダにフランスパンとチーズ、そして冷えたワインかビールの組み合わせも楽しいのではないでしょうか？

野菜サラダにナッツ等を添えればボリュームが出ます。

たまにはピックさんのように小麦胚芽を試してみるのもいいでしょう。お湯や豆乳で溶くと食べやすくなります。

ご飯の場合、ビールのつまみには刺身や冷ややっこや漬物もいけるでしょう。魚肉ソーセージやかまぼこもあればスタミナが出そうです。欲をいえば、暖かい味噌汁かスープがあればもっと健康的なのですけどね。

このような料理ですと節電できますし、簡単で、涼しい顔で食べられます。

（2）伝統食を食べ、食費を月1万円に節約して健康になろう！

先述のように、日本の伝統的家庭料理は健康的です。おまけに野菜や豆が中心ですから安価です。肉や油を多用する、非健康的で高価な西欧料理もたまにはいいのですが、伝統的な家庭料理を楽しみ続けると地球にも自分にもやさしくなれます。

私が尊敬する食品・料理研究家に山田博士さんという方がおられます。彼は食品添加物など、我が国の食品業界が抱える問題点を昔から果敢に追求してきた人物です。さらに、自ら包丁を握り、安くて健康的でしかもシンプルなレシピを長年にわたって開発し、家庭での一人当たりの食費を月1万円に抑えています。山田さんは朝食から、ご飯、味噌汁等の伝統食を摂ることを勧めています。毎日のおかずの内容は野菜、豆、魚が中心です。

「食費を月1万円にすると健康になる」というのが彼の持論です。ネットで販売されている彼の著作「月1万円少々の食費で、ザクザクと健康を稼ぐぼくの方法」はかなり衝撃的です。そこに含まれているレシピのタイトルを幾つか紹介しましょう。

① わずか2～3分！　蒸し野菜のゴマ酢しょう油掛け
② ポカポカと心が熱くなる！　野菜シチュー

③豪華なこの一品！　カボチャとタマネギの柔らか煮
④カルシウムも血液も作る！　昆布の煮しめ
⑤バリバリ食べようキンピラゴボウ
⑥味噌の香りが絶品！　タマネギの味噌煮
⑦骨まで愛そう！　魚の骨ごと煮
⑧基本のき！　大豆のシンプル煮豆
⑨この具合がたまりませんなあ！　卯の花

これらの詳細は、
「暮らしの赤信号」（山田博士いのち研究所）http://blog.goo.ne.jp/yamadainochi03を参照下さい。山田氏のレシピをリサイクル料理と組み合わせれば、食費を本当に月1万円以下まで減らすことも可能でしょう。

食費が月1万円まで減らせれば、標準家族での典型的な節約額は年間20～30万円にもなるでしょう。これと光熱水費やガソリン代の節約額と合わせれば、年間30～40万円になりますから、エコ生活を4、5年続ければ高いエコカーでさえ購入可能です！　食費は高額なので、それだけエコスパイラルの動力源として大きなポテンシャルを秘めています。

すると家計は助かり、我が国の食料自給率まで高まります。そして、自給率が高まると輸入が減ってCO₂の排出量も減少させられます。これも見事なエコスパイラルですね。おまけにこの食生活は、近未来に予想される食糧危機に対する有効な対策にもなっています。

(3) 食用油を使い切る方法（食用油のリサイクル）

我が家では食用油が残りません。すべて使いきっていますが、そのシナリオは以下のとおりです。1、2度、天ぷら料理に使った油は、その後フライを揚げるために利用します。そして、最後に野菜炒めに使います。こうすると、最後まで使い切れて、まったく余りません。

もちろん、使うたびに油こし器で浄化した方がおいしくなります。油の容器には、ニンニクとショウガを一片ずつ入れておくと、古い油特有の臭いが薄れ、再利用しやすくなります。

それでも何度も使い続けると、カラッと揚げることが難しくなるかもしれません。その理由は、材料の水分が油に溶け出しているからです。そんなときの裏技は、水分を飛ばすため、数分間ほど何も揚げずにただ加熱し続けること、またはイモを揚げることだそうです。

(4) 後片付けの各種テクニック

我が家では食器洗いに洗剤を使いません。ほとんどの汚れは『アクリルたわし』で拭きとれるからです。茶渋やお皿の油汚れだけでなく、流し台、浴槽なども洗剤なしできれいに洗えます。価格は百円～数百円ですが、同様の効果をもつ、洗剤いらずのスポンジも同程度の価格で売られています。また、先述のように、米のとぎ汁や野菜のゆで汁は食器洗いに使えます。米のとぎ汁は手に優しく、暖かい野菜のゆで汁は冬に重宝します。

お皿の汚れはそのまますすがず、まずヘラや手ぬぐい等でふき取ってからすすぎましょう。

特に油やマヨネーズは浄水場の天敵です。浄化するには大量の水が必要ですから、まず古新聞で拭き取ってから洗います。すると、古新聞はゴミ焼却場でよく燃えるようになります。

油で汚れたお皿は積み重ねないようにしましょう。重ねると、お皿全体が油にまみれて、汚れが落ちにくくなります。

ゴミ焼却場の天敵である生ゴミはたい肥にできますが、たい肥が必要ない場合、まずしっかり水切りして新聞紙にくるみ、ビニール袋に入れて捨てるとゴミ焼却場で燃えやすくなるでしょう。

2　その他の資源の節約とリサイクル

◇電池

電池はリサイクルしにくい製品ですので、大切に使いましょう。いったん切れても手のひらに並べ、それにもう一方の手のひらを重ねて勢いよくこすり合わせるとしばらくは使用できます。電池は充電式のものを買うと、１個の電池を１５００回も繰り返し使えます。これが新しい電池１５００個分と同時間使えるかというと不明ですが、圧倒的なコストパフォーマンスであることは確かです。ぜひご検討下さい。充電式のものは単3電池が多いですが、単3電池を単2電池として使えるようにするアイデア商品もあり、便利です。

◇ラップ

うちではラップを使い捨てにしています（ラップさんごめんなさい）。妻に、ラップは洗えば何度も使えるよ、と言ったのですが、めんどうくさいことを押しつけるぅ〜と怒り出して聞いてもらえませんでした。ここで引き下がる私ではありません。今度、アイデア商品である、何度も洗って使える『シリコンエコラップ』を購入して渡してみようかと思っています。大、中、小の色々なサイズがあるようです。

熱に強く、電子レンジや冷蔵庫でも使えますし、熱湯消毒も可能な優れものです。百円均一ショップでも販売されているそうです。

◇家具のリサイクル

古い家具には愛着が湧いてくるものです。傷んだり壊れたりしても捨てるのは惜しいと思われるならリサイクルショップに売りましょう。かなり買いたたかれますけれどね。それより良い方法がありります。修理して使ってみませんか？　家具の修理業者はネットですぐに検索できます。お住まいが都会ならお近くにも見つかるでしょう。わざわざ家具を運ばなくても出張修理してくれることもあります。

どうしても新しいものを買いたい場合、長く使える高品質のものを購入して、お子さんやお孫さんに譲ってあげるのもいいですね。

◇ピアノのリユース

もしお宅に誰も使わないピアノがある場合、業者に買い取ってもらえます。
または東日本大震災の被災地へ寄付することもできます。その場合、ピアノに関するいくつかの条件はありますが、連絡先はこちらです。
「被災地へピアノを届ける会」　仙台市仙台中央音楽センター事務室内
ホームページ：http://www.piano-donation.org/p/donationpiano.html
また、ピアニストの河野康弘さんは「ピアノリサイクル基金」を作って、中古ピアノを海外の恵まれない子供たちの施設に送る活動をされています。
ホームページ：http://www.geocities.jp/wahaha1113/wahaha/waha9.html
連絡先：〒185―0032東京都国分寺市日吉町3―26―22―502
TEL090―1657―0174FAX042―577―5138

同時に、東日本大震災被災地へのピアノ寄贈や被災地でのコンサート開催などの活動もされています。

ホームページ：http://www.wahhahha.com/eh_katudo-ja.html

◇ネットオークション

まだ使えそうな不用品が家庭にゴロゴロしていませんか？　そのまま置いておいたり、捨てるのはもったいない。ネットオークションに出してリユースしてもらってはいかがでしょう？　資源の有効利用になりますし、利益も上がります。または、以下のように寄付されると世のため人のため地球のために役立ちます。

◇中古衣料（古着）・タオル・毛布などのリユース

古着やタオル、毛布などをリサイクルの回収に出してみませんか？　送料はかかりますが、エコスパイラルの利益を送料に使い、社会に還元すると、エコダブルスパイラルになります。そして、あなたの古着等は、様々な恵まれない方々に再び使ってもらえます。興味のある方はコンタクトしてみて下さい。

○日本救援衣料センター：〒658―0023　兵庫県神戸市東灘区深江浜町22―2
（中古衣料、海外輸送費必要、詳細はホームページをご覧下さい。）

○ＮＰＯ法人北九州ホームレス支援機構：〒８０５－００１５　福岡県北九州市八幡東区荒生田2－1－40　東八幡キリスト教会内（靴、靴下、帽子、タオル、冬季限定で防寒着・毛布、保管場所の都合もありますので送付前にお問い合わせ下さい。）
○ＮＰＯ仙台夜回りグループ：〒９８４－００４２　仙台市若林区文化町17－25
（男物の古着・靴・タオル・毛布他、詳細はホームページをご覧下さい。）
○アニマルメリーランド：送付先はＴＥＬ０７９２－６２－０３９１
または　animal.ml@athena.ocn.ne.jp までお問い合わせ下さい。（タオル、バスタオル、毛布）
○ＮＰＯ法人　ねこだすけ：〒１６０－００１５　東京都新宿区大京町5－15－２０３
（シーツ、タオルケット、カーテン）

◇使用済切手・カード・書き損じハガキ他のリサイクル

これらのものがお宅のどこかに眠ったままになっていませんか？　ボランティア活動の一つとして有効にリサイクルすることができます。引き取り先をリストアップします。切り取り方などの詳細は、各ホームページをご覧下さい。
○盲老人ホーム　聖明園切手係：〒１９８－８５３１　東京都青梅市根ケ布2－７２２
（使用済切手・使用済プリペイドカード・書き損じハガキ）
○日本キリスト教海外医療協力会切手部：〒１６９－００５１　東京都新宿区　西早稲田2－3

―18―23　（使用済切手）
○リボンプロジェクトジャパン：〒112―0011　東京都文京区千石4―37―19
（使用済切手、使用済テレカ・ハイカ・オレカ）
○社団法人　日本動物福祉協会：〒106―8663　東京都港区元麻布3―1―38
第5谷沢ビルディング内　（使用済切手）
○社会福祉法人　日本聴導犬協会：〒399―4301　長野県上伊那郡宮田村3200
（書き損じハガキ）
○アジア学院：〒329―2703　栃木県那須郡西那須野町槻沢442―1
（書き損じハガキ、未使用切手、収入印紙、未使用官製ハガキ、各種商品券、図書券）
○あしなが育英会：〒102―8639　東京都千代田区平河町1―6―8　平河町貝坂ビル
（書き損じハガキ）

◇未使用切手・未使用プリペイドカード類・金券等などのリユース

使われないまま眠っているカード類・金券・切手などを、社会に役立ててみませんか？　喜んで受け取って活用してくださる団体とあて先を、リストアップしました。
○NPO法人　ねこだすけ：〒160―0015　東京都新宿区大京町5―15―203
（未使用切手、未使用テレカ、金券）

○社会福祉法人　日本聴導犬協会：〒３９９―４３０１　長野県上伊那郡宮田村３２００

（未使用切手、未使用プリペイドカード、金券）

○財団法人ジョイセフ　国際協力推進グループ：〒１６２―０８４３　東京都新宿区市谷田町１―10　保健会館新館６階

（未使用切手、未使用プリペイドカード、未使用官製ハガキ、金券）

○アニマルメリーランド：送付先はＴＥＬ０７９２―６２―０３９１、または animal.ml@athena.ocn.ne.jp までお問い合わせ下さい。

（未使用切手・はがき、未使用テレカ、金券）

◇海外旅行の残りの外国紙幣・コインのリユース

海外旅行をすると、必ず紙幣やコインが手元に残ります。そんなとき空港に、残った紙幣やコインの募金箱（ユニセフのもの）が置かれていますので、そこに入れるのが一番早いのですが、家まで持って帰ってしまった方は、寄付を募っている団体に送れます。以下のホームページを参照下さい。

○ボランティア猫の部屋　http://2style.net/vneko/inde × .html

◇バザー用品・その他不要になった品物のリユース

引き出物等のいただき物や使わなくなった物が家の片隅に眠っていませんか？　有効利用してく

れる寄付先があります。ただし、捨てるのは本当にもったいないような品物だけを送って下さい。
以下のホームページを参照下さい。
○ボランティア猫の部屋　http://2style.net/vneko/inde × .html

3　エコ生活のレベルアップ：中級編

お気づきのように、次第にエコスパイラル手法の次元が上がってきました。スパイラルは、単なる循環よりも次元が高いのです。以下には、前節から引き続き、必ずしも個人の経済的な利益には結びつかないものの、地球や子供たちの利益のため、心ある大人ができるエコスパイラル活動を紹介します。しつこくてすみませんが、これまでのエコ生活で貯まった利益で海外旅行に行ったり、大型車を購入したりすると、総合的にはエコにならない恐れが出てきます。しかし、エコスパイラルなら、大丈夫です。しかも、利益の一部で以下のような活動に投資できればさらに地球さんも大満足なエコスパイラルが完成するでしょう。

以下にご紹介するのは、節電や節エネ以外の節約術です。地球の利益（地球益）に深く関与していますので、私たちの親である地球さんに親孝行をするのにもってこいの手法と言えるでしょう。エコスパイラル生活ですべての節エネ製品を買いそろえたなら、もちろんそれ以前でも、以下の節約術を地球のために実行していただければ幸甚です。『中級』としましたが、境界線は明確ではなく、前節の、恵まれない人のためのリサイクル活動も中・上級の活動ですので念のため。

◇マイ箸

私はマイ箸を十年ほど使っています。十年前は、私が居住する宇都宮市には5軒のデパートがありましたが、どこにもマイ箸が売られておらず、仕方なく東京の新宿のデパートで手に入れました。分解して持ち運べる便利な携帯箸です。しかし、マイ箸に不信感を抱いている方が、割と多いのです。たとえば中部大学の、有名な武田邦彦教授もマイ箸に反対されています。食堂、レストランでは私以外、マイ箸を使っている方を見かけることはほとんどありません。

マイ箸を批判する方は、割り箸が国内の森林を育成するための間伐材で作られていると思い込んでいる方が多いのです。ところが、実は割り箸は9割以上が中国、そしてロシアの森林を皆伐《かいばつ》して作られています。日本人が割り箸を使う回数を減らせば、中国、そしてロシアの森林が生き残ります。ただ、間伐材を利用した割り箸も確かにあり、たとえば生協などで販売されています。日本国内の森を守るため、それらはしっかり活用して下さい。

さて、割り箸は生木から作られているのに腐りません。なぜだかお分かりですね？　そう、割り箸に防腐剤を染み込ませているからです。割り箸でラーメンなど食べていると防腐剤がおつゆに溶け出して、防腐剤入りラーメンを食べることになります。あまり健康的でないことは確かです。

私はただ、地球のためと思いながらマイ箸を使い続けているのですが、前述のとおり、地球にやさしいことは自分にもやさしいのです。

◇エコバッグ

エコバッグを常に持ち歩き、スーパーやコンビニでレジ袋をもらわないようにしましょう。エコバッグも武田教授などに反対されています。レジ袋にはレジ袋の効用があるからです。たとえば、ゴミ焼却場では、もともと石油から作られたレジ袋が燃焼に協力しています。レジ袋があった方がゴミは燃えやすいのです。しかし、ゴミ焼却場の火力を強めるには、好循環生活を楽しんで生ごみを出さないことがより効率的な正攻法です。

◇スーパーのレジ袋

エコバッグの携行がめんどうな場合、使用済みのレジ袋をマイカーに置いておけば、いつでも何度でもマイエコバッグとして再利用できます。

著者は、スーパーでもコンビニでも、購入点数が少ないとき、昔からレジ袋を断っています。

マイエコバッグ運動は推進すべきです。しかし、エコバッグをわざわざ買わなくても、余ったレジ袋を車内やバッグにいれておき、再利用するのが一番簡単ではないでしょうか。

◇トイレのペーパータオル

職場や公衆トイレにはペーパータオルが用意されていることが多いですね。それも貴重な木材から作られています。できるだけ自分のハンカチで手を拭きましょう。

◇ホテルで

出張などでホテルに泊まると、種々のアメニティセットが置かれています。歯磨きセットやブラシ、石鹸等々です。私はそれらをほとんど使いません。持参したものを使います。また、連泊するときはフロントに連絡して清掃を断り、シーツやタオルを代えてもらいません。地球資源の無駄だからです。清掃のご婦人も大喜びしてくれます。同じ料金を払うならシーツやタオルを代えてもらわないと損でしょうか？　いいえ、地球的視野から見ると損ではないと思っています。同様な宿泊客が増えると、やがて宿泊料金が下がると期待しています。

◇シャンプー

かつて環境ホルモンについて騒がれていました。その頃、シャンプーに含まれる界面活性剤（毛髪や地肌についたフケや垢を除去する機能をもつ化学物質）が心配になりました。その中の一種は環境ホルモンと確認されています。環境ホルモンとは認識されていないものも、自然にはよくない影響を与えているような気がしています。しかも、界面活性剤は、その強力さゆえに、地肌の一部まで剥ぎ取っているように思えました。日本人に禿げや白髪などの老化現象が目立つのは、確かにストレスのせいもあるだろうが、シャンプーやリンスの使い過ぎなのではなかろうか？　とも思い始めたのです。

そこで、地球（と自分）のためと、私はシャンプーの使用を止めました。そして、酢を使って洗髪し始めました。それもそのうち面倒になり、ここ5年ほどはもっぱらお湯と微量の石鹸だけで洗髪しています。それも1日おきにです。冬場などは3日に一度程度ですが、それでも、全然問題ありません。私はそろそろ還暦ですが、毛髪は多く、白髪も少なく、頭髪に関しては問題ありません。

そのうちに、面白い事実を知りました。毛髪豊かな熟年男性作家に五木寛之さんがおられます。五木さんは、髪を守るために半年に一度しか洗髪しないそうです。洗髪しなければ界面活性剤を浴びる必要もありません。頭髪が豊かになるはずです。昔から「ルンペンに禿げはいない」と言われていました。ルンペンとは現代風に言うとホームレス。彼らはあまり洗髪しないから禿げないのかもしれません。

著者は、こんな話を模擬授業等で訪れる中学や高校でも披露していますので、たぶん変人と思われています。もちろん、中高生にお湯だけで洗髪しなさいとは言いません。彼らには、「シャンプーやリンスを使い過ぎていませんか？　もし1割、2割と減らしてみて、難なく洗髪できればもっと減らしてみて下さい」とお願いしています。読者の皆様もぜひ試してみて下さい。

◇石鹸

入浴時に石鹸を使うことも減りました。石鹸の使用は最小限にし、もっぱら両手やアクリルたわしで身体をこすっています。湯船に10分以上浸かっていれば、かなりの垢はお湯に溶け出します。これは芸人のタモリさんの健康法でもあるようです。彼はお湯に浸かるだけで身体を洗わないとか。私はお湯から出た後はアクリルたわしで軽くこすって仕上げます。

◇歯磨きペースト

歯磨きペーストの宣伝では、歯ブラシの上に寿司ネタのように長く大量にペーストを伸ばして置いていますが、あれでは過剰です。ほんの少量、長さ5ミリ程度で事足ります。歯磨きペーストの使用量はできるだけ少量にした方が健康のため、地球のためなのです。

また、歯磨きペーストさえ使わない達人の方々もおられます。何も使わずに水だけで歯磨きするか、重曹を使うか、塩を使うかの、3種類の達人技に分かれるようです。

◇食器洗い洗剤

昔、著者は食器洗いの際に、洗剤をスポンジに垂らして直接皿を洗っていました。しかし洗剤の使用方法をよく読むと、キャップ一杯の洗剤をボール一杯の水に溶かして洗うように書いてありました。どうも洗剤まで使い過ぎていたようです。ここ十年、著者は洗剤を使っていません。アクリルたわしを使っています。汚れが良く落ち、洗剤不要です。

◇エコツアー

節約めいたことばかり読んでせつなくなった読者のために、パーッと旅行して楽しむ方法をお伝えしましょう。それはエコツアーです。エコツアーとは「自然環境や歴史文化を対象とし、それらを体験し、学ぶとともに、対象となる地域の自然環境や歴史文化の保全に責任を持つ観光旅行」です（エコツーリズム推進会議）。子供さんとの家族旅行に最適ではないでしょうか。この取り組みを進めることで、「自分」が変わり、「地域」が変わり、そして「全体」が変わるという壮大なビジョンがあります。

ある富士登山エコツアーでは山岳ガイド付きで、ゴミを拾いながら山頂を目指します。また、屋久島ツアーにはネイチャーガイドが同行し、自然や自然保護について勉強しながら、そしてゴミを拾いながらトレッキングが楽しめます。さらにウミガメの保護活動にまで参加できるのです。もちろん、事前にウミガメに関する講習も受けられます。楽しそうですね。

さらに、2泊3日で料金が3万円を切る、長野県での就農体験ツアーまで用意されていますから面白い！　地域の農業生産法人や農家を訪ね、高原キャベツの生産過程を見学し、地域の農業青年との交流会も楽しめます。自治体職員に就農サポートの現状について質問することも可能です。

かつて、著者は毎年のように海外に出張していました。国際会議で研究発表をするためです。しかし、先述のように、例えば乗客が一人東京から米国西海岸にフライトするだけで湯船一杯分を超える燃料を消費し、大量のCO_2を排出します。これではいくら国内で節エネやエコドライブに励んでも効果を帳消しにしかねません。そこで、著者は海外出張を激減させました。もっぱら国内で開催される国際会議に参加するようにしています。

エコツアーでも、CO_2を排出することは変わらないのでは？　と思われる炯眼《けいがん》の読者もおられるでしょう。そんな厳格な読者も満足させるようなツアーが用意されていますから、世の中は面白いですね。『カーボンオフセットツアー』といいます。つまり、カーボン（CO_2）の排出をオフセット（相殺）するツアーです。

ではは何でオフセットするか？　と言うと、国内の自然エネルギー利用を促進する『グリーン電力証書』や海外の温室効果ガスの削減プロジェクトを支援する「排出権」を購入してオフセットするのです。

もう少し具体的に述べますと、グリーン電力証書を購入するとその代金は、国内の風力、ソーラー、バイオマス等の自然エネルギー発電の開発や拡大に利用され、我が国の自然エネルギー自給率の上昇に貢献できます。そして、排出権の購入代金は、国連が認定する海外での温室効果ガス（CO_2、メタン、フロン、亜酸化窒素等）の削減プロジェクトに支払われ、京都議定書で定められた日本の温室効果ガスの削減目標達成に貢献します。詳細は次項、上級編を参照下さい。

旅行会社のＪＴＢがカーボンオフセットツアーを２００７年以来、企画していますが、最初は運送会社の社員旅行に使われたそうです（素晴らしい！）。さらに、嬉しいことに修学旅行にもよく利用されています。これはぜひ広めてほしいですね。

◇フェアトレード

リーバイス、リーボック、ナイキ、GAP、チャンピオン等のブランドに共通する事項は何でしょう？

また、アフリカ諸国は、いつまでたっても経済状況が改善しません。そして、人々は飢えと貧困に悩まされ続けています。それはなぜでしょう？

これらの質問への解答は「搾取」です。

先述したブランド企業は、自国内に自社工場を一つも持っていません。製造はすべて低賃金で労働者保護の規制がゆるいアジアなどの発展途上国で行われているのです。工場の労働環境は苛酷を極め、12～16時間で深夜に及ぶシフトがあり、残業手当はなく、あっても小額です。これらがブランドの共通項です（今後、購入しますか？）。そして、アフリカ諸国の貧困の原因も、先進国による搾取の構造がしっかり確立されているからです。途上国は貧しく、国土開発するために先進国から借金をします。途上国には政変が多く、借金の利子が高いため、容易に返済できません。すると、借入金が雪だるま式に増え、状態が悪化し続けます。ちょうど今の日本のように！　ただ、日本の場合、お金はほぼ自給自足できているので、事態は途上国ほど深刻ではないかもしれません。途上国は借金漬けのため、利子がますます増えます。このような、途上国が陥っている悪循環の輪をどうにか断ち切り、好循環に変えなければならないと先進国の心ある人々が考えるようになりました。悪循環を好循環に変えるための有力な選択肢が、フェアトレード（公正な取り引き）なのです。

フェアトレードを簡単にいうと、途上国の製品を、搾取的な価格ではなく、彼らの立場に立ったフェアな価格で購入する交易で、この活動は奥が深くて非常に魅力的です。たとえば、途上国でも立場の弱い人たち（遺児、セックスワーカー、障害者）に生産を依頼することもできます。さらに、バングラデシュなどにはかなりの数のフェアトレード企業が存在していて、現地へのフェアトレードのスタディツアーもあります。このツアーをカーボンオフセットで実施すると、最強のエコツアーになりそうですね。

フェアトレードの商品は、やや値が張ってもブランド品ほどではなく、しかも信頼性が高いのでお得です。さらに、これらを購入することで人助けもできるのですから、便利な世の中になりました。

ちなみに日本国内のフェアトレード団体の主なものを紹介すると、CHOCOLATE REVOLUTION!!!、シャプラニール、シャンティ国際ボランティア会（SVA）、オックスファム・ジャパン、オルタートレード・ジャパン（ATJ）、グローバル・ヴィレッジ、ぐらするーつ、フェアトレード・学生ネットワーク、フェアトレード・サマサマ、第3世界ショップ、ネパリバザーロ、パレスチナ・オリーブ、ピースウィンズ・ジャパン、わかちあいプロジェクト等多数です。チャンスがありましたら、なるべくフェアトレードの製品をご利用下さい。

4　エコ生活の上級編

以下の手法は、子孫と地球のために役立つ上級エコ活動です。なぜ上級なのでしょう？　それは資金や手間暇が並みではないからですが、中級との間に厳密な境界線はありません。

◇エコファンド

私の従兄弟がある大企業の重役をしていますが、前回会ったときに、内部留保金がウン千億円あると豪語していました。読者のお宅にも、もし内部留保金がありましたら、またはエコスパイラルで貯まった資金を、エコ活動を兼ねて投資しませんか？　エコ活動に熱心な企業に投資するのがエコファンドです。もちろん儲かる保証はありませんし、ファンドによって成績も異なりますが、全体的に、これらのファンドの成績はそこそこいいようです。

また、社会的責任投資ファンドというものもあります。企業の社会的責任（ＳＲＩ）とは、倫理・法令を順守して情報開示や環境対応にも前向きに取り組むことですが、それらを通常の企業以上にしっかり実施している企業群を選抜して設立されたファンドです。自分の子供に就職してもらいたいような企業といえるでしょう。

代表的なものとして、日興エコファンド（日興アセットマネッジメント）、損保ジャパン・グリーン・オープン（ぶなの森）、エコ・ファンド（興銀）、朝日ライフＳＲＩ社会貢献ファンド（あすのはね）

などがあり、成績も比較的順調です。

◇菜園を作ろう

庭の一部を畑にして野菜を育ててみませんか？　野菜の種を捲き、やがて芽が出て、花が咲き、実をつける一部始終が楽しめます。そして、収穫して採れたて野菜を料理すれば究極の地産地消が実現できます。おまけに、生ゴミや雑草の有効利用まで可能になります。生ゴミは、畑に穴を掘って埋めておけばやがてたい肥になります。雑草も同様ですが、埋めずに乾燥させれば稲わらのように作物の防寒や乾燥防止に使えます。つまり、生ゴミや雑草＝ゴミという悪循環の呪縛を絶ち、好循環させることによって宝物に変貌させるのです。これもエコスパイラルです。

庭がないマンションなどの場合、市民農園や農家の休耕田なども利用できます。

◇驚くほど使える雑草

毎年、春になると憂鬱なことがひとつあります。それは雑草の繁殖です。抜いても抜いても激しい勢いでたくましく伸びてきます。これだけの勢いで菜園の野菜が成長してくれれば、と溜め息をつきながら思うほどです。うちの庭・菜園にはびこっているのは主としてタンポポと、何かモジャモジャした雑草です。最近同郷の俳優である岡本信人さんに刺激され、ひょっとするとこれらの雑草も食べられるのでは？　と閃きました。ネットで調べてみると、タンポポは花から根まで全部食べられます。花は天ぷら、葉は茹でた後、冷水に入れて苦みを取っておひたしに、根はきんぴらにできます。散歩中のミルクちゃん（ご近所さんの犬）が我が家に立ち寄り、好んで食べるモジャモジャした草はスズメノエンドウという名称で、つる先5～10㎝の若い部分はやはり食べられます。どちらも天ぷらやおひたしにできるようなので、近いうちに試そうと思っています。職場にはカラスノエンドウやユキノシタが生えていて、それらも食べられます。他にも、シロツメクサ、ハコベ、ツユクサ、ギシギシ、ドクダミ等、多くの身近な雑草が食用になるのには驚きました。大海勝子著「道草料理入門―野山は自然の菜園だ」（文化出版局）のように、食べられる雑草・野草を紹介した本も色々出ています。

また雑草は、まとめて抜いた後で大きめの箱に入れて上から重しを載せて乾燥がてら圧縮し、その後に新聞紙で包んで紙袋に入れれば、薪ストーブの焚き付けにも使えます。食糧にも燃料にも肥料にもなる雑草は、実は貴重な資源なのでした。雑草を利用すればするほど、自宅のエコスパイラルが進みます。

◇植樹しよう！

世界中の熱帯雨林がすごい勢いで伐採され、動物たちも住みかを追われています。それに対して私たちにできることは何でしょう？　節電してCO_2を削減した結果に得られた利益で、植樹するとどうでしょう。樹木は生長しながら大気からCO_2を吸収して内部に炭素からなるセルロース（繊維素）などの成分を蓄積します。要するに、CO_2を減らして得た利益で植樹すると、さらにCO_2を減らせるのです。これぞ真のエコスパイラルではないでしょうか？　善意の地球革命はまず自宅から始動させられます。

ちまたには霊長類という用語があり、人類を指しますが、著者の錯覚でなければエコスパイラルに励む人こそが真の霊長類のような気もします。いきなり大上段に振りかざして失礼かもしれませんが、事実、私たちの遺伝子もスパイラル形状を持っています。少なくとも、エコスパイラルは進化の一形態と言えるでしょう。真の霊長類とは、地球にやさしく動植物との共生を望む人々のことではないでしょうか？　そして、「地球にやさしいことは人にもやさしい」ですから、植樹した人も多くの利益にあずかります。庭木からの恵みには、四季や色彩の美的快感もありますが、暑い日の日陰、採れたて果実、芳香、等々枚挙に暇がありません。特に南向き窓の南側に広葉樹を植えると夏は涼しい日よけになり、落葉後は冬日が差し込む理想的なグリーンカーテンを演じてくれます。

著者はまだまだ欲が深いもので、狭い敷地に樹木を植え過ぎたような状態ですが、4月から年末くらいまでは有難く、花とともに果実も楽しませてもらっています。

東日本大震災の被災地にも、たくさんの木々が植えられるといいですね。

◇ナショナル・トラスト

小説家で環境活動家であるC・W・ニコルさんは、長野県の黒姫山の山麓に住んでいます。自然をこよなく愛す彼と家族にとって、その地は理想郷でした。ところが、そこに開発の魔の手が入り、幾筋もある小川の両岸をコンクリートで固め始めたのです。驚いたニコルさんは長野県庁に乗り込み抗議しました。せっかくの美しい自然をどうして破壊するのかと。

応対した土木課の職員は答えました。

「そんなことを言われても私たちに環境のことは分かりません」

皆さんならこんなときどうします？ もし開発計画を事前に察知していれば、地主から土地を買い取れば一丁上がりですね。しかし、そんなお金持ちはなかなかいません。それでは私たちに何ができるでしょう？ そうです。同じ想いを抱く人を募り、寄付を集めて基金を設立し、皆で土地を買い取れれば理想的です。そんな組織が『ナショナルトラスト』で、世界中に、そして日本中に存在しています。例をあげますと、知床半島（北海道斜里郡斜里町）、釧路湿原（北海道釧路市）、トトロの森：狭山丘陵（埼玉県所沢市）、柿田川（静岡県駿東郡清水町）、天神崎（和歌山県田辺市）など全国で55もの団体が活動を展開しています。入会してサポートすれば、あなたも知床半島や柿田川などの貴重な自然を自ら守ることができるのです。著者が住む宇都宮市にも『グリーントラストうつのみや』が存在し、貴重な森や湖を守ってくれています（著者も会員です）。

◇環境保護団体や環境学会に参加しよう

ナショナルトラスト以外にも、自然保護等の環境活動をする組織やＮＰＯが多数あります。そのような組織の会員になって地球さんをサポートすることも、もちろん地球環境の改善につながります。例として、以下のようなものがあります。

日本自然保護協会、日本野鳥の会、日本湿地ネットワーク、ネットワーク地球村、ＦｏＥ（地球の友）Ｊａｐａｎ、ＷＷＦ（世界自然保護協会）Ｊａｐａｎ

環境保護活動よりも環境科学の研究に興味がある方は学会に加入することも可能です。例えば日本環境学会は一般市民の参加を歓迎しています。 http://jaes.sakura.ne.jp/

◇太陽光発電機と太陽熱給湯器

CO_2をほぼ排出しない太陽光発電機を導入すると、大幅な節エネになります。太陽光での発電は、昼過ぎに発電ピークを迎えるため、電力会社を困らせて原発推進に走らせているピーク電力を低減させる効果もあります。太陽光発電機は最近、低価格化が進み、投資回収も10年に近付いてきています。出費は大きいですが、見返りは小さくありません。太陽熱給湯器も同様です。

ところで、脱原発の意見が主流になってきたものの、実現はなかなか困難でしょう。まず第1に、原発を主導してきた東京電力は政界に隠然《いんぜん》たる影響力を持つからです。第2に、自然エネルギー（再生可能エネルギー）は高コストです。自然エネルギーを燃料電池などの新エネルギーと組み合わせ、電力の自由化（送電・発電の分離を含む）を同時に進めれば、コストはかなり吸収でき、脱原発も可能ですが、東京電力の政官マスコミ界への影響力のため、かなり時間がかかりそうです。

しかし、先述のように脱原発の支持者は、まず太陽エネルギーを始めとする自然エネルギーの利用を促進して、少なくとも自らの家庭では脱原発を推進することができます。

◇グリーン電力証書って?

太陽光発電機や太陽熱給湯器を買うほどのお金はないけれど、地球のために少しでも自然エネルギーを使いたいという方に朗報です。中級編で説明したグリーン電力証書は個人でも購入できるのです。これを買うと、自宅で使った電力がカーボンオフセットされ（CO_2の量が削減され）、自然エネルギーの導入と同じ効果があります。要するに、個人の場合、エナジーグリーン株式会社（http://www.energygreen.co.jp/）にいくばくかの寄付をすると、同会社が自然エネルギーの生産者に補助金を出し、それで自然エネルギー発電が推進されるのです。最少額2万円前後で1000kWhの自然エネルギー電力を購入でき、自然エネルギーの種類も選べます。電力を購入すると言っても、それをテレビや冷蔵庫に利用できるわけではないのですが、実質的に自宅のCO_2排出量を削減でき、頑張ればゼロにすることも可能な仕組みです。エコスパイラルで得た利益の使い道としても最高の部類に入るでしょう。また、太陽光発電を導入された方は、NPO法人「太陽光発電所ネットワーク」に加入されると、グリーン電力証書を自ら発行し、企業や自治体に買ってもらえ、自分の収入になります。すると、太陽光発電機の投資回収が早まります。

◇エコハウスの建設：どうせなら集合住宅？

究極のエコハウスは集合住宅です。上下左右の壁を隣家と共有でき、断熱性能が極端に上昇します。エコ意識が高い家族が集まり、太陽光発電や太陽熱給湯、そしてコジェネレーション（熱電供給・廃熱発電）から菜園、それどころか農園まで共有した木造集合住宅ができたら、究極のエコハウスになること請け合いです。木造だと強度に不安があるという方は、鉄骨や鉄筋にして、床や壁にできるだけ木材を利用すればよいのです。思い切って、自動車など輸送手段までシェアするとさらに経済的でエコになります。それだけでなく、ご近所同士の絆も深められます。集合住宅を共同で建設する動きはすでに拡大しつつありますが、健康によいとは言えないコンクリート住宅が多いことは残念です。

◇エコハウスの建設：自宅にビオトープを！

人間が一生のうちに買う最大のものは家ですから、究極的にはエコハウスを建設したり、現在のお宅をエコハウスに改造したりできます。エコハウスは必ずしも経済的利益には結びつきませんが、健康的ですし、楽しい側面もたくさんあります。一年中楽しめますから、理想郷をまずご自身で実現して下さい。すると、地球や子孫にも貢献できます。

わが家の敷地は63坪と平均的な面積ですが、庭の大半は畑で、家の周りには樹木を植えていますから、さまざまな昆虫やヘビ、トカゲ、カエルなどの小動物が生息しています。

最近、出勤前の著者が、ブドウ棚の下で甘いブドウやイチジクの実をほおばりながら妄想しているのは、敷地のどこかに小さな池を作り、その周りを低い茂みで囲み、傍に小鳥の餌台を置き、庭のそこここに色とりどりの花を植えて、昆虫や小動物がますます増えているような状況です。地球への感謝の印である自家製ビオトープです（ただし、妻は猛反対中です）。このようなビオトープ付きの家が増えると、生態系ピラミッドの底辺が充実し、自然保護のボトムアップが次第に進み、タヌキ、キツネ、イタチ、リス等のより大きな動物まで住みやすい環境に近づくのではないでしょうか？

これも善意の地球革命の一環です。

地球環境改善のために必要な大規模エコスパイラルの助走は、まず個人個人が自宅で始められるのです。

マンションでも可能です。ベランダにはプランターを置けますし、壁を壁面緑化することもできます。さらに発展させて、垂直の庭や畑にもできます。垂直の庭は、英国のガーデンショーで何年も連続して金メダルを取得し、世界一の庭師と尊敬される石原和幸氏やフランス人の芸術家兼植物学者パトリック・ブラン氏のものが有名で、正に芸術作品です。垂直な壁に畑を作って葉野菜を育てるのも楽しいでしょうね！　素晴らしい断熱効果ももたらすはずです。

5　まとめ

地球のため子孫のために私たち現代人に課せられた使命は、生態系と共存できる永続可能な社会（地球共生圏）の創出に他なりません。その実現のためには、やや難しくなってすみませんが、社会システムの入り口、または出口からコントロールする方法、そして生産・流通・消費・廃棄システムなどの改善を目指す方法など、様々な手法が存在します。

入り口からの制御方法には、環境容量（エコスペース）を算定し、それに基づく社会・生活システムの構築を目指すアプローチがあります。2章で述べたエコロジカルフットプリントに類似しています。他方、出口からのアプローチには、本書で強調したゼロエミッション（廃棄物ゼロ）システムの構築などがあります。要するに、現状は未熟ですが、実現の可能性は高いのです。

本書では、永続可能社会を実現するため、個人の生活において可能な活動を中心に、入口や出口はもちろん、脱原発や自然保護にまでつながる好循環とエコスパイラルを説明しました。

さて、すでに予震が始まっていますが、好循環ならぬ悪循環の弊害による環境問題、それだけでなく世界経済問題の地割れが拡大しつつあります。今後は、通貨不安がますます進行するでしょう。それまでの、あるいはその後における混乱期にも、エコスパイラル生活は自衛手段として、様々な側面で必ず有用になるはずです。そして、自分のため家族のためのエコスパイラル生活は、子孫のため地球のためへとつながります。

余談タイム：南の島でショックを受けた記者の後日談〈2〉

南の島の住民たちに同情され、日本人としてのプライドを傷つけられた記者は、複雑な心境で帰国したが、その後、やはり早朝と深夜にはラッシュに揉まれ、容赦ない締め切りに追われ、以前は気にならなかった大都会が放つ異臭や騒音も、気になる毎日である。幸い、良書との出会いがあり、日本人の誇りはかなり挽回できたものの、まだ気になることが一つあった。

(島民たちは天国で好循環、俺たちはジゴクで悪循環……)

冷静に客観的に考えれば考えるほど、日本や先進国はおかしいことだらけである。国家予算の赤字にしても原発の廃棄物にしても、自分たちの世代のことしか考えず、たいへんな苦労を子供たちや地球に恥ずかしげもなく押しつけようとしている。子孫や地球に禍根を残すような方針を、偉ぶったリーダーたちが決定し持続させる。こんな暮らしには未来がないではないか！　冷静になりさえすれば即刻分かるはずなのに、アリ地獄の底へ底へとハマり続けているエリートたち……。

(何とかしなければ。悪循環の呪縛から解き放たれるために)

とりあえず自分には、何ができるのだろう？

ある週末、記者は自宅の北側にある自分の部屋で、気になっていた記事を捜しあてた。自宅から、そう遠くない茨城県のK市にあるクラインガルテンに関する記事だった。クラインガルテンとはドイツ語で小さな庭という意味だが、実際は、宿泊施設付きの市民農園である。K市のクラインガルテンは100㎡の菜園があり、付属するログハウスにはキッチン、風呂、トイレ等の設備も付いている。うまい具合に、翌春からオープンするということで、利用者を募集中だった。(週末をゴロゴロと不毛に過ごす代わりに、騒音も異臭もない美しき田舎で野菜でも育ててみるか)

妻と娘に相談したところ、意外にも乗り気だったのでさっそく応募した。しばらくすると、うまい具合に許可が出た。この施設は最長5年間、継続的に使用できる。

月2回のペースで通い始めて数カ月経ち、農作物の収穫も見えてきた。妻も娘も、農作業にはあまり気乗りしないようだが、K市とその周辺を観光し地元の旨いものを食べることには2人して目がない。そして、自然に抱かれたログハウスでの生活が、新鮮で快適で心地よい。これぞ人間の暮らし方という感じさえある。

お蔭で今のところ、妻にも娘にも断られることなく、家族揃ってのクラインガルテン詣でが続いている。もうしばらくしたらトマトやきゅうりやサヤエンドウが収穫できるので、おいしく食べられれば、さらに熱中してくれるかもしれない。ここまで考えて、記者は自分が農作業にこれほどまでに熱心であるという事実に驚いた。今、この瞬間も畑の雑草取りに余念がない。

実は、今はなき記者の祖父は、遠く離れた北海道で農業に従事していた。祖父以前のご先祖様も代々農民だった。自分には農民の遺伝子が色濃く組み込まれているのだろうか? いや、全日本人に、農民の遺伝子が深く組み込まれているはずだ。これまで日本人を支え続けてくれた農業から完全離脱し、過去を全否定した日本人が現在、方向性を見失い途方にくれていても不思議ではない。

（来年は米作りにも挑戦してみるか。K市からそう遠くない棚田で米作りボランティアを募集中だしな）

和気あいあいと田植えに励む家族の姿を胸に浮かべたとき、一陣の涼風が通り過ぎた。

著者あとがき

著者は、高校生の頃から地球環境問題に関心をもち、以来年々環境との接点が増えてきました。著者の現在の職業は大学教員なので教育、研究、学内委員会活動、そして社会貢献などを責務としています。教育では「地球環境システム」や「エネルギーシステム」、「環境情報学」などの科目も担当し、4年生の卒業研究では省エネルギー工学や環境関連のテーマも指導しています。かつては宇宙空間物理やプラズマ物理をテーマに研究していましたが、最近は主として省エネルギーや廃棄物、そして福島の放射能と、ほぼ環境関連のテーマです。学内では省エネ委員会の座長を務め、社会貢献としては環境関連NPOの副代表であり、こうして環境の本も書いています。また、自宅も循環エコハウス化しています。

ありがたいことに、職場でも自宅でも巷でもエコスパイラルして、大好きな地球のために活動できるようになりました。その結果、「地球にやさしいことは人にもやさしい」ので、本人もしっかり癒されています。

そして今やエコ生活は趣味を超えた存在で、生き方そのものです。脱原発も含めて人任せにせず、思い立った人が自ら、積極的に先導的役割を果たし周囲を刺激することで、地球環境はより効果的に改善されるのではないでしょうか？　そんな思いで本書を執筆しました。

さて、前著「高次元の国 日本」で説明しましたが、私たちは物質主義に翻弄されて意識が希薄化し、周りに振り回され、精神的、肉体的なストレスや故障に悩む人が増えています。頭脳的には優秀な人たちが欲に溺れ、自分の利益を優先し、他人や子孫、そして地球の利益を疎《うと》んじる例は枚挙に暇がありません。政界にも官界にも財界にもそうした傾向がしばしば見られます。その挙句に発生したのが、福島第1原発事故でした。日本有数のエリート企業が欲に負け、政官界と癒着し、深い隠ぺい体質を発達させ、それがある敷居値を超えていたときに発生した悲劇です。私たち一般大衆も、自然に対する畏敬の心を希薄化させていました。この例にもれず、悲劇的な大変動はだいたい悪循環の結果、起こります。反対に、好循環の結果得られるものが幸福な安定と進化です。

循環の概念は、古くは老子の思想にも現れます。老子によると宇宙は『道』という宇宙原理に支配され、その本質は循環で、動きは優しさに満ちているそうです。

先述のように、地球は今、循環は循環でも、巨大悪循環に陥っています。それは、ミニ地球である私たち個人個人が過剰なエゴに囚われた悪循環の状態にあるからでしょう。今や人類の影響力は凄まじく、地球の命運を握っていると言っても過言ではありません。美しい地球を大きな悲劇が訪れる前に修復して、子孫たちにしっかり手渡せるよう、私たち一人ひとりが覚醒し、心身を浄化すると共に、過度の物欲を好循環させましょう。地球のための好循環生活が今ほど重要な時期はないということは、先の大震災が教えてくれました。

面白いことにエゴを治療する良薬がエコなのです。エコはエゴをきっかけに、強調されるようになりました。実は両者は表裏一体の存在のように思えます。物質と反物質が近づくと光になります。

エコとエゴが融合したときに出現するものも光であり、それは進化した高次元の愛に満ちた情報です。２次元的な循環が、３次元的なスパイラルに進化し様々な相乗効果をもたらす、広い意味でのエコスパイラルこそが人類の真の進化にも繋がるのではと期待しています。

東日本大震災がきっかけで、本書を手にした方もおられるかもしれません。それが脱原発や環境改善へとつながれば、それこそ災い転じて福となすことになるのではないでしょうか。読者の皆さんに、本書が好循環的な刺激を与えられれば幸甚です。

拙著を最後までお読みくださり、深く感謝致します。

平成24年３月

〈参考文献〉

エコクッキング推進委員会ＨＰ
http://www.eco-cooking.jp/about_ecocooking/lesson/inde × .html
天野紀宜「自然から学ぶ生き方暮らし方」 農山漁村文化協会
神坂次郎「だまってすわれば―観相師水野南北一代」小学館文庫
境野勝悟「日本人のこころの教育」致知出版
（財）省エネルギーセンター・家庭の省エネ大辞典 http://www.eccj.or.jp/dict/
ＴＯＴＯ（株）ＨＰ http://www.toto.co.jp/press/2004/03/24_2.htm
節約&エコの省電力で夏を乗り切る！ おばあちゃんの〝節電・知恵袋〟
ＨＰ http:// × brand.yahoo.co.jp/category/lifestyle/7161/15.html
ビル・モリソン、レニー・ミア・スレイ著、田口恒夫・小祝慶子訳「パーマカルチャー・農的暮らしの永久デザイン」 農山漁村文化協会
福岡正信「自然農法―わら一本の革命」春秋社
ボランティア猫の部屋ＨＰ http://2style.net/vneko/inde × .html

著者略歴

飽本一裕（あきもとかずひろ）

1954 年　山口県下関市生まれ

現職　帝京大学大学院理工学研究科　教授

専門　プラズマ物理学と環境・省エネルギー工学

最終学歴　メリーランド大学物理・天文学科博士課程修了　Ph.D.

主要著書

今日から使えるベクトル解析（講談社）

今日から使える複素関数（講談社）

今日から使える熱力学（講談社）

今日から使える微分方程式（講談社）

クイズで学ぶ大学の物理（講談社ブルーバックス）

すらすらわかる楽しい物理（共立出版）　共著

ゼロからスタート・熱力学（日新出版）　共著

奇蹟の旅人（成星出版・絶版）

地球と家計を守るエコ生活のススメ（成星出版・絶版）

高次元の国　日本（明窓出版）他

今日《きょう》から始《はじ》める節《せつ》エネ&《アンド》エコスパイラル

飽本《あきもと》一裕《かずひろ》

明窓出版

平成二四年八月二十日初刷発行
発行者 —— 増本　利博
発行所 —— 明窓出版株式会社
〒一六四—〇〇一二
東京都中野区本町六—二七—一三
電話　（〇三）三三八〇—八三〇三
ＦＡＸ　（〇三）三三八〇—六四二四
振替　〇〇一六〇—一—一九二七六六
印刷所 —— シナノ印刷株式会社
落丁・乱丁はお取り替えいたします。
定価はカバーに表示してあります。

ISBN978-4-89634-312-0
ホームページ http://meisou.com